光尘
LUXOPUS

图像思考术

〔日〕平井孝志 著
Takashi Hirai

田丹 译

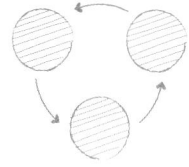

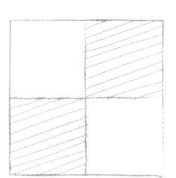

国际文化出版公司
· 北京 ·

图书在版编目（CIP）数据

图像思考术 /（日）平井孝志著；田丹译. —北京：国际文化出版公司，2022.1

ISBN 978-7-5125-1296-2

Ⅰ. ①图… Ⅱ. ①平… ②田… Ⅲ. ①思维方法 Ⅳ. ①B804

中国版本图书馆CIP数据核字(2021)第233362号

北京市版权局著作权合同登记号 图字01-2021-6851号

BUKITOSHITENO ZUDEKANGAERU SHUKAN by Takashi Hirai
Copyright © 2020 Takashi Hirai
Illustrations© Saori Otsuka
All rights reserved.
Original Japanese edition published by TOYO KEIZAI INC.
Simplified Chinese translation copyright © 2021 by Beijing Guangchen Culture Communication Co., Ltd.
This Simplified Chinese edition published by arrangement with TOYO KEIZAI INC., Tokyo, through BARDON CHINESE CREATIVE AGENCY LIMITED, Hong Kong.

图像思考术

作　　者	[日]平井孝志
译　　者	田　丹
责任编辑	戴　婕
出版发行	国际文化出版公司
经　　销	国文润华文化传媒（北京）有限责任公司
印　　刷	北京美图印务有限公司
开　　本	880毫米×1230毫米　　32开 7.625印张　　　　　　　121千字
版　　次	2022年1月第1版 2022年1月第1次印刷
书　　号	ISBN 978-7-5125-1296-2
定　　价	59.00元

国际文化出版公司
北京朝阳区东土城路乙9号　　邮编：100013
总编室：（010）64271551　　传真：（010）64271578
销售热线：（010）64271187
传真：（010）64271187-800
E-mail: icpc@95777.sina.net

开篇

图像思考术

一、"思考"这事儿不简单

各位读者,你们好,我是平井孝志,现为筑波大学(东京校区)教授,专业方向为经营战略理论。

成为大学老师之前,我曾是贝恩咨询和罗兰贝格等公司的战略咨询师。此外我还担任过戴尔的市场总监,以及星巴克(日本)战略规划部部长等职务。30多年来,我一直活跃在商业的最前沿,专注于探索和研究企业经营问题的解决对策和方案。

基于往日的实践经验,以及至今执笔过的多本商业或思考方法类书籍总结提炼的基础上,我本次将此书命名为《图像思考术》。

"思考"一词说起来简单，实际上却很深奥。人们在思考的时候，希望得到好的想法或提出解决问题的有效方案。而要想在最短时间内找出最佳方案，就需要进行"深入思考"。

那么，"深入思考"的具体做法是什么呢？这个问题不容易回答，因为每个人的答案有所不同，而且答案或许也不止一个。不过，请大家放心，本书介绍的"图像思考术"就是"深入思考"的一种方法，我相信通过学习，人人都能够掌握这种方法。

二、聪明人为何喜欢用白板

怎样才能做到"深入思考"呢？我们需要通过观察那些善于深入思考的人们的共同习惯来得出结论。我在咨询公司工作时接触过许多优秀的咨询顾问，在麻省理工学院读MBA时，那里有很多比我聪明几倍的人。那些我认为善于思考或者见解犀利的聪明人经常在白板上画图，他们用画图的方式把重要的内容提取出来，再经过巧妙的梳理，最终导出核心要点。在这个过程中，他们将白板作为自己的思考区。

曾经我也不擅长思考，但幸运的是我周围有这样一群善于思考的聪明人,久而久之我也学会了他们的思维方式,掌握了抽象化思考的习惯。当然,这也得益于我比较熟悉图表格式的理科背景。

如今,我经常用画图的方式进行思考,它使我对事情的把握更加透彻和深入。

三、图形能左右数十亿日元的大生意

图像思考术有时能成为商业竞争中的强大"武器",因为那些聪明的、有能力的人都是通过画图、抽象化思考之后再做决策的。最初见识到图形的威力是30年前参加就职活动时,我有机会到全球战略咨询公司贝恩咨询进行暑期实习,那是我第一次接触到庞大的PPM图系(稍后对PPM进行详细介绍)。图形竟然可以左右数亿甚至数十亿日元的商业决策,优秀的商业精英们都在使用这种借助图形进行逻辑思考的方法,这一切都令当时的我大开眼界。

图像思考术之所以能发挥如此重要的作用,在于它能通过画图的方式将理论条理化,进而准确地把握事物的结构和逻辑,而画图的这种对事物在抽象后重组的功能是文字无法替代的。具体内容将在正文中展开介绍。

四、本书的构成

本书中介绍了至今为止我所掌握的"图像思考"的方法,其主要分为两部分——基础篇和实践篇。

第一部分基础篇中解释了"为何画图能够使思考更加深入",然后介绍了一些基本的画图方法,让大家从该部分开始迈出"图像思考术"的第一步。

第二部分实践篇将介绍金字塔图、田字图、箭形图和链形图等四种图形,目的是让大家掌握专业人士也在使用的各种图表类型和模板。

另外,每一部分的最后设置了一些实践练习,大家可以以此来检验自己对图像思考术的掌握情况。

"图像思考术"的习惯深深地影响了我人生的诸多方面,比如:

・开会时,在白纸或白板上画图迅速地总结了各方意见;

・写报告或做汇报时,因插入精心准备的图表而受到好评;

・在某些问题上一筹莫展时,在纸上画个图,脑海中闪现了一些很好的解决方案,等等。

如果各位读者通过本书学会并开始使用图像思考术去解决问题,本人将不胜荣幸。

序　章
图像思考术，让事业、人生更顺利！

本书将向大家介绍使用图形进行思考的方法，使用图像思考术对个人的事业和人生能够产生的影响，以及为何越早掌握越有帮助。让我们带着这些问题一起开始探索吧。

第一节

如何做到深入思考

一、总是被要求"好好思考"

无论是在职场还是学校,我们总是被要求"好好思考"。

"好好思考一下这个问题。"

"好好思考一下这件事应该怎么做。"

"好好思考一下有没有更好的方案。"

但最关键的"思考方法",父母、老师、领导却从未教过我们,那些已经掌握了思考方法的人基本上也是无意识学会的。经常有很多人问我一个较难回答的问题:"到底怎样做才能思考得更深入?"我觉得"图像思考术"是其中一个有效方法。

图形不能像文章那样能够容纳大篇幅的文字，它要求必须对信息进行精简。因此，能体现在图上的都是重点、逻辑或本质性内容。到头来，真正值得理解的重要内容必须使用图形，图形才是最直观的方法。因此我觉得有意识地使用图像思考能够让我们的思考更加深入。

二、夫妻吵架也能用图形解决

利用图像思考是一项基本能力，不仅能应用在商业中，对日常的各个方面也有帮助，例如，夫妻吵架也可以通过图形来解决。假设一对夫妻很久没有在外面的餐馆吃饭，他们在决定出去吃什么的问题上发生了争执。

丈夫：好久没出去吃饭了，我想吃牛排。

妻子：牛排太油腻，还是吃和食（日本菜）吧。

这样讨论下去是没有结果的，而且这样的小事会引起或者已经造成了夫妻不和睦。但假如情况是这样，丈夫嘴上说想吃牛排，而他的本意是不吃牛排也可以，而妻子也并非一定要吃和食，只要是一些清淡的东西就可以，那么出现了"肉类——非肉类（鱼类等）"和"油腻——清淡"的两条对立轴，这时就可以用图形来解决。

将刚才提到的两个轴分别定为横轴和纵轴后，就会出现明显的区域划分。图 1 的右下方（肉 × 清淡）出现了妥协区，可以避免牛排与和食的对立。

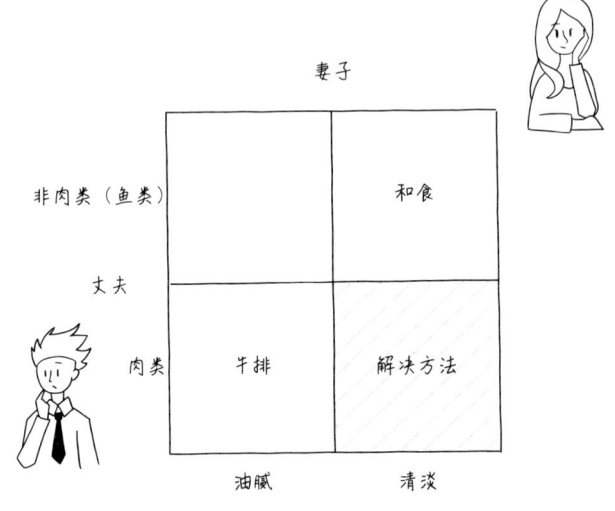

图 1　丈夫与妻子的妥协区

假设夫妻二人去吃肉类料理，可选择比较清淡的日式猪肉火锅，或去提供沙拉的汉堡店，妻子分一半肉给丈夫，自己主要吃沙拉，这样既能避免争执，又能体会在外用餐的快乐，说不定汉堡店还有豆腐汉堡等口味清淡的新品呢。

夫妻二人圆满解决问题的关键是如何找出双赢的办法，这时，图像思考术就能够发挥它的威力了。

三、学历高的人不一定会深入思考

本书介绍的用图像思考的能力与解题能力或考试能力不同。考试是针对给定问题进行理解、记忆、输出的过程，不同于本书中介绍的"深入思考"。

本书中提到的"思考"是说要将自己头脑中对某件事的理解呈现在一张白纸上，它与解答给定题目时尝试用各种已知方法完全不同。

要在一张白纸上画图，就必须弄清楚到底要思考什么，必须认真思考"问题出在哪里""怎样才能找到正确的解决办法"，而这些能力是无法从准备考试的过程中掌握的。所以说学历高的人未必都是会深入思考的人，两者并没有必然的联系。

第二节

抽象化思考越来越重要

一、最应掌握的核心技能

现在的社会与我刚工作的时代不同,现在是信息爆炸的时代,经营管理学的领域也有各种理论类或实践类书籍。正是因为在这样的社会条件下,我们才更应该掌握真正的思考能力,摒弃那些浮于表面的技能,本书中所主张的图像思考术就是提高思考能力的重要方法之一。

图像思考术相当于思考活动中的OS(操作系统)(如图2),它比英语、编程、MBA课程更应该提早学习和掌握。思考的操作系统越稳定,学习英语、编程或MBA课程时才能越高效、越深入。另外图像思考术具有广泛的应用性,非常有可能成为每个人的核心技能,我们没有理由不去尝试一下这种思维方式。

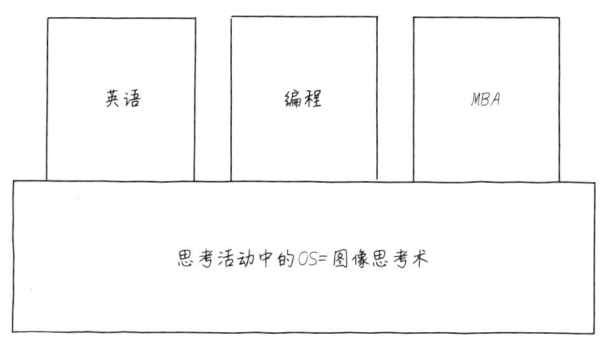

图2

二、AI时代下的图像思考术的重要性

在 AI 时代下,图像思考术变得越发重要。AI 是对现有的东西进行重组,计算是它的专长,但从无到有的思考过程是 AI 的短板。你命令 AI 在一张白纸上画出应该思考什么,它大概什么也画不出来,但人类可以。

图像思考术是 AI 不具备而人类特有的大脑功能,是一种"启发能力"。启发能力是通过曾经的经验或知识,瞬间导出正确答案的能力,在本书指通过图形得到解决方案的能力，也就是通过画图立刻想到解决办法的能力。

并非所有的事情都可画图，所以画图实际上也是一种"现实的抽象化"活动。用图将事物抽象化，再从抽象的图形中理解事物的结构和关系，从中得到解决问题的灵感。它在各个领域都发挥了非常重要的作用，小到日常生活，大到改革创新。

三、以"图"为起点，跑赢AI时代

抽象化是从现象中提炼出本质，进而捕捉现象背后的结构。在之前的例子中，是牛排还是鱼肉（What）、是在牛排店吃还是在和食店吃（How），这些问题的背后都隐藏着原因（Why）。我们要从这些线索中找出问题的关键，再找出解决对策。这时，可以使用图像思考术进行深入思考。

人类通过五官感知现实并熟练掌握语言。也就是说，人类经常接触的不是空洞的理论，而是现实（直接信息），人类可以理性地认识图形，并且将语言（比如关键词）在图形中展示出来，使思路更加清晰。图形就是这样穿梭于"现实"与"语言"之间，我们在纸上进行反复实践，思维能力则在实践的过程中不断提高。

很显然这个过程不适用于AI，所以我认为图像思考这种只有人类特有的能力在未来将会越来越受重视。

我们无法靠知识战胜AI，只能靠智慧。所以，即使到了AI时代，或者说正是因为在AI时代，我们才更应该锻炼好图像思考能力。

第三节

无需绘画天赋，人人皆可掌握

一、简图即可

值得高兴的是锻炼图像思考并不难，任何人都可以从一张纸和一支笔开始学习用图形进行思考。无高额学费，甚至不必花钱。图像思考使用简图即可，因此无需绘画基础。或许没有绘画基础反而更好，因为简图不要求描绘图形的细节。

二、工具准备

学习图像思考术只要一张纸和几支笔即可，不过对纸和笔有些要求。纸最好是薄薄的小方格纸，这样可以不用直尺便能在纸上画出规整的横线、竖线。笔除了黑色以外，最好另外再备一支红笔和一支蓝笔，在重点部分或有争议的部分用不同颜色的笔进行标注，这样画出的图更容易看懂。另外，画图的时候需要经常修改，所以还要提前准备修正带，如果用铅笔画图则需要准备橡皮。

假如有白板的话最好用白板，白板面积大，所以更直观，且绘画和擦除也比较方便。在白板前边踱步边思考，思维会变得更加活跃，说不定能想出很好的创意。

三、为何不用PPT

可能有人会问："用纸和笔就能学会的东西，用PPT不也一样吗？"答案是不一样，因为PPT中潜藏着阻碍思考活动的重要因素。

制作PPT时，人们会有意识或无意识地将焦点放在完成资料这一具体任务上，或者经常囿于现有PPT，从而导致思考无法更加深入，最终陷入"死胡同"，此类事例并不少见。

画图原本就是用手来带动思考的工作，是自我对话的过程，要在这个过程中对自己的想法进行深化和整理。因为思考的时候注意力不能从面前的纸上移走，所以图形和思考能够瞬时无缝连接，十分便利。

但如果使用PPT的话，画面上各种繁杂的指令图标和图案背景，以及选择图形和字体都会分散大量精力，致使思考受阻并中断。结果一边做PPT一边忘了自己思考的重点，使"思考"与"工作"本末倒置。

四、让图形帮你做决定

那么究竟如何做决定呢？一般来说，边画图边思考的人并不多，最先采用这种思考方式的人，一定会比其他人更加出色。以我个人的感受来说，我觉得有能力的人大多都使用图像思考术。

图像思考术不是你记在脑子里的知识，它是一种熟能生巧的技能，一旦掌握了这种技能，基本就不会忘记。就像偶然有一次会骑自行车以后，骑自行车这项技能就变成了我们终身都会的技能一样。

专栏:人类是靠"图"取得进步的

——文字的发明与肖维洞窟壁画

人类会把看到的和经历过的东西存储在大脑内,利用想象力创造出现实中原本不存在的事物,不断取得飞跃性的进步。宗教、货币以及维持群体运行的制度等都是依靠想象力创造出来的,这叫作"认知革命"。它是先于农业革命、科学革命的最早的革命。

在这场革命中,文字发挥了巨大的作用。然而文字最初也是将看到的事物抽象化并画成图形。象形文字就把自然进行了抽象,最古老的文字——美索不达米亚文明中的楔形文字——是由苏美尔人使用的图形文字简化而来。因此,文字原本也是图画、图形。

再往前追溯,法国肖维洞窟的墙壁上至今还保留着的32000年前画的壁画(图3),它们是人类历史上最古老的图形。人类用"图"把自然的一部分描画出来,不仅逐渐提升了对自然的认识,还提高了认知能力以及沟通能力。

人类通过图形把握和认识自然、社会关系、事物之间的关联等,将它们形象化,并在此过程中加速了自身的进化。因此,用图像思考可以说是人类能力之根本。

最近,在线沟通逐渐由发送文字向能表达感情和状况的表情文字转变,或许这是人类又开始进化了吧……

图 3　肖维洞窟壁画①

---

① 图片提供:Minden Pictures/Afro

目录

开篇　图像思考术 ____001

序　章　图像思考术，让事业、人生更顺利！

第一节　如何做到深入思考 ____006

第二节　抽象化思考越来越重要 ____010

第三节　无需绘画天赋，人人皆可掌握 ____014

专栏：人类是靠"图"取得进步的——文字的发明与肖维洞窟壁画 ____017

第一部分
基础篇

第一章　为何图形能深化思考

第一节　什么是"图形" ____3

第二节　过滤无效信息，保留事物本质 ____7

第三节　让思维"可视化" ____10

第四节　捕捉图形的整体 ____17

第五节　图形中也能产生新思路 ____23

专栏：极简至上 ____27

第二章　概念图思维法

第一节　概念图是图像思考术的基础 ____30

第二节　概念图的基本之一——不使用复杂图形 ____34

第三节　概念图的基本之二——文字要短小精悍 ____ 37

第四节　概念图的基本之三——用线理解关联性 ____ 39

第五节　概念图的基本之四——强调重点 ____ 41

第六节　概念图的基本之五——画图时别忘周围留白 ____ 44

专栏：语文、数学也能用图形思考吗？____ 46

基础篇演习：图像思考术下的"职业规划"前篇 ____ 49

第二部分
实 践 篇

第三章　常用模板之金字塔图

第一节　金字塔原理的作用 ____ 60

第二节　使用金字塔图，拓宽思考范围 ____ 64

第三节　使用金字塔图，加深理论理解 ____ 74

第四节　使用金字塔图，扩展视野范围 ____ 80

专栏：通过分组提高分析力 ____ 84

第四章　常用模板之田字图

第一节　田字图利于加深思考的原因 ____ 90

第二节　田字图在整理和解决问题方面的应用 ____ 95

第三节　田字图的应用事例 ____ 102

第四节　利用田字图扩大构思 ____ 111

第五节　田字图与金字塔图原理相同 ____ 124

专栏：PPM 现在还有效吗？____ 130

第五章　常用模板之箭形图

第一节　整个世界就是一个输入—输出系统的集合 ____134

第二节　怎样观察和使用箭形图 ____139

第三节　用二维思维来考虑一维箭形图 ____144

第四节　将箭形图应用到各种商业场合 ____149

第五节　用箭形图创造独特方案 ____158

专栏：箭形图与面积图也相关 ____164

第六章　常用模板之链形图

第一节　使用链形图发现真理或本质 ____168

第二节　利用链形图创造未来——以星巴克为例 ____176

第三节　利用链形图解决根本问题——以 GE 为例 ____183

专栏：链形图源于"系统动态" ____187

第七章　成为图像思考术的高手

第一节　画图的目的不是为了完成画图任务 ____191

第二节　增加头脑中的"抽屉" ____200

专栏：图形催生科学的发现与创新 ____206

实践篇演习：图像思考术下的"职业规划"后篇 ____210

结语　一个想法改变人生

第一部分

基 础 篇

第一部分作为本书的基础篇将告诉大家"为何图形能帮助深入思考",此外还将介绍最基本的"概念图"(简图)的画法。在这里,读者们必须先理解"什么是图""为什么要画图",然后才能继续学习之后的实践篇。

另外,本书还会对概念图的画法进行介绍,虽然大家可以按照自己的想法随便画图,但如果抓住了画图的几个要点,则会画出更有效的图形。

然后,在第一部分的最后安排了画图练习,请读者们将其作为第一章和第二章内容的复习,也可作为案例研究进行参考。

第一章
为何图形能深化思考

本章将解释"图形能让人的大脑清醒"的原因。一言以蔽之,抽象过的"图"是一幅"图片",能将"关系"和"结构"等清晰地呈现在纸上,便于自我思考。

第一节

什么是"图形"

一、便于思考的"二维"

到底什么是"图形"?

本书中最简单的图形定义是在一张纸(A4纸等)上画的线、圆、四边形与文字共同构成的图像。这里的"文字"不是冗长的文章,而是指关键词或简短标题之类的文字(一眼就能了解大意的程度)。最典型的例子就是序言中出现的图1-1那样的图形。那样的一张图就可以形成一幅完整的思维图。它是从现实中抽象出来的、非常重要的事物的本质,是通过大脑(特别是右脑)构思出来的图形。

为什么构思如此容易?那是因为纸是属于"二维"空间

的。人们输入二维的画面并在大脑中对其进行处理。电视、杂志、笔记、手机、广告牌、传单等都是二维的图像。也许几乎很少人能自如地使用三维模式进行思考，即使用三维的模式思考也很可能只是将三维模式投影成二维了。

我曾经读过一则故事（出处和真伪不明）：让猴子看完黑白色的棋盘之后对猴子的大脑进行分析，猴子的大脑中出现了棋盘的模样。在另外一个实验中，把刚出生的猫放进横纹的房间里饲养，猫变得无法识别横线了，大概是因为这只猫没有生成二维的概念。人乃至动物的大脑可能本来就倾向于处理二维的信息。一维的信息太琐碎，三维的信息又过于复杂，二维的信息最适合人类大脑进行思维活动。

二、图形的种类

图形到底有哪些种类，又是如何分类的呢？我将图形大致分为3种（图1-1）。

第一类图形是"概念图"，最简单的一类图，按照自己的想法随便在纸上画圆形、四边形、线条即可，也可认为是一般的涂鸦法。思考问题的时候，一旦有了新的想法或发现了问题点，在纸上勾勒出的自由图形就是概念图。

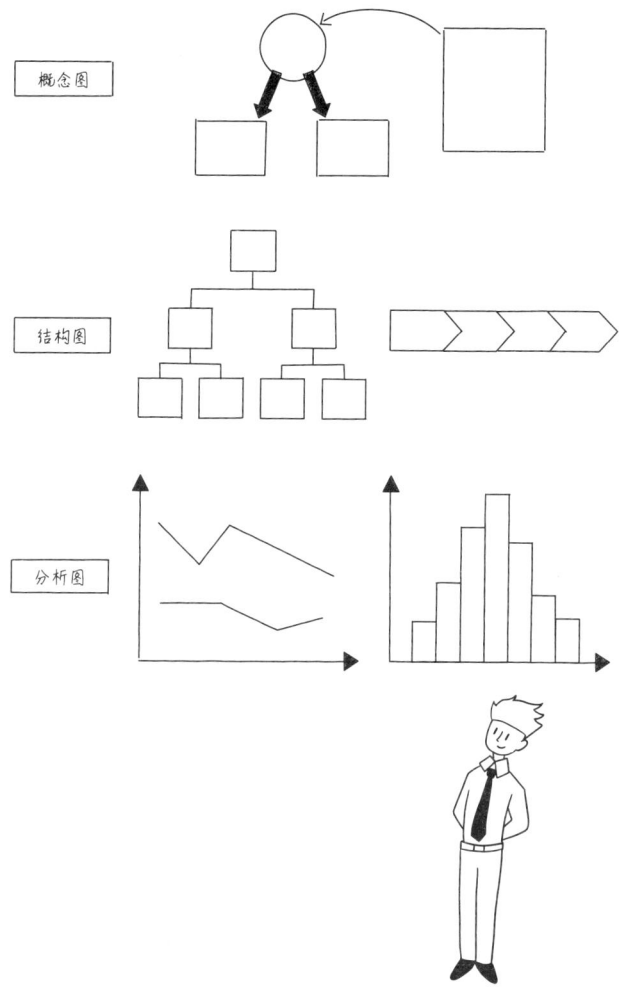

图 1-1　图形的种类

为何图形能深化思考　5

第二类图形是"结构图",它是即将在第二部分实践篇中出现的对"模板"的灵活运用。思考的过程中,有些思考的切入点很隐秘,这时尝试用模板则比较有效,因为模板适用于捕捉事物的整体。比如那一对夫妻在外出用餐问题上发生争执时,我们就用了"田字形"模板。本书中主要讨论的就是以上这两种图——基础篇中的"概念图"和实践篇中的"结构图"。

第三类图形是"分析图"。这类图形将某些特定的对象进行分类、分析,因此叫分析图。但本书主要着眼于抓住全貌,从事物中分离出本质、中心内容或结构、理论等,故不在此深入展开。

然而概念图、构成图、分析图三类图之间又很难划清界限。有时画完概念图立刻就会联想到构成图,有时整理完构成图大脑中又会蹦出一个圆形或四边形的概念图,请体会图形分类的大致标准(所以本书中偶尔也会出现一些具有分析图性质的图形)。

第二节

过滤无效信息,保留事物本质

一、思考与信息量的关系

为什么使用这些图形可以帮助我们思考得更深入呢?

首先,因为它们帮助我们从信息的漩涡中脱离出来。图形可以帮我们摆脱冗长的文章,因此信息大大精简。信息量太大会导致思考效率低下,仅整理信息就要耗费大量的精力,由于人们无法从惯性思维中脱离,自然也无法得到高质量的想法。

最开始每次获得新的信息确实都会有助于不断加深思考,新信息提供新视角并不断刺激大脑。不过,一旦到了某个节点,信息量就开始与思考成反比关系(图1-2)。

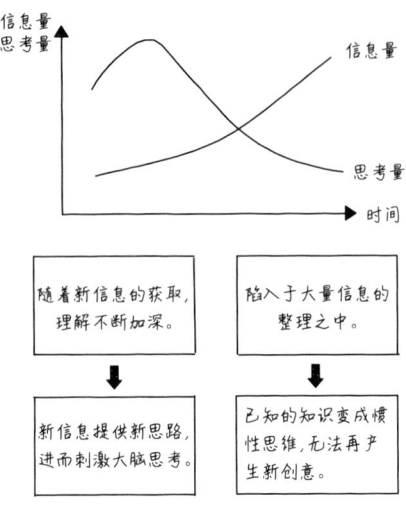

图 1-2　思考量与信息量的关系

二、卫星地图比普通地图更容易迷路

把一些事情整理成图形后,重要的东西就会显现出来。细枝末节被砍掉后,才能突出真正有用的内容。

拿卫星地图来说,卫星地图的真实性和正确性毋庸置疑,但从其中获取信息却十分困难,因为它包含的信息量太大了。当你想去一家店,但是别人给你一张那个店的卫星地图你一定会不知所措。卫星地图也不会清楚地显示去店里的路线，所以你必须用谷歌地图或有明显标记的向导图才能找到那里。

原因很明显，因为地图或向导图上只显示重要的内容，所以整个城市的街道可以清晰地映入大脑，引导你快速找到目的地。

刚才提到信息量越大未必越好，只有让关键信息显现出来才是最重要的，而图形恰好就具有这样的作用。

第三节

让思维"可视化"

一、思维与"可视化"的关系

画图可以令思维"可视化"。

思维的"可视化"能够让思维的偏差、矛盾、弱点等问题清晰可见。很多时候人们的大脑认为自己懂了,但实际上对内容的理解仍不够透彻,但如果把那些内容画成图形,就可以让理解不透彻的东西全部都摆在阳光之下,一览无余。于是我们就会反省自己原来考虑得还太浅,对理论的掌握仍然不扎实(图1-3)。

图 1-3 图形让思维"可视化"

可视化后的图形还有其他优点——便于保存。大脑中的记忆会消失，但画完的图形不会消失，随时都可以把图形拿出来继续思考，不断建造思维的摩天大厦。

即使图形不在身边也无需担心，因为你已经把重要的内容整理成可视化的图形了，你可以在"三上"——马上（现指地铁或车上）、枕上（床上）、马桶上这样的地方回忆起来脑海中的图形，并继续思考下去，于是思维就这样形成、消化、固定、延伸。

一直以来"三上"指能让人们灵光乍现的场所，在那些地方人们想出好办法的概率大增。

二、分条书写与"可视化"

图形不仅能使思维可视化，它还能清晰地展示出事物之间的联系，人们从中可以获得新的启发。

请看下面的时间，这是至"佩里来航"之前发生的几起重大事件。请思考佩里为什么要来日本呢？

1783年　美国独立战争结束，美国独立

1800年左右　英国产业革命

1842年　中国割香港岛给英国（鸦片战争《南京条约》）

1848年　美国从墨西哥手中获得加利福尼亚州（成为太平洋国家）

1853年　佩里来航

只看这些时间和事件可能无法立刻形成清晰的思路，那么我们把这些内容画成"时间×国家"的图形，看看效果如何（图1-4）。

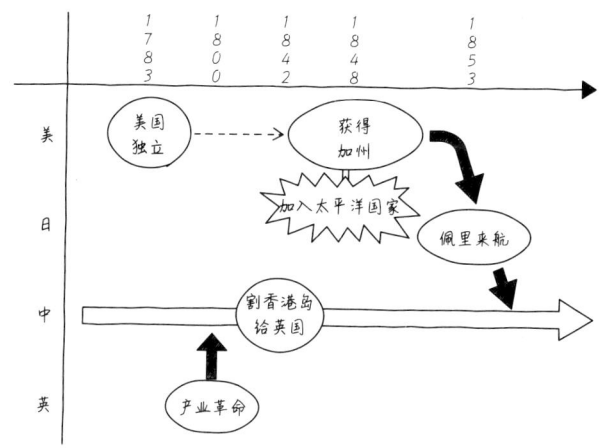

图1-4　通过图形把握联系

英国以产业革命为支撑，不断进行对外扩张，甚至将手伸向了远在亚洲的中国。与此同时，美国成为太平洋国家后的战略显而易见，它避开大西洋，不断靠近位于太平洋沿岸的中国。然而，日本只是其中的一个落脚点、一处前哨基地而已。

以上国家之间的关联通过上面的可视化图形就变得一目了然了，这是图形分析相比于分条书写的一大优势。

在此顺便介绍一下当时世界的人口情况（1850年左右）：美国，2350万人；英国，2230万人；日本，3200万人；而中国高达4亿1000万人。

三、分条书写的关键

关于分条书写再稍做补充。比较资深的咨询顾问经常能够快速地断言说："关于那件事情，最重要的关键有三点，第一点是……"

我感觉大多数情况下那位咨询顾问应该不是用分条书写的方式进行思考的，他应该提前在脑中设计了图形的模板，比如在说完"对你们公司来说关键问题有三点"之后，会分条进行说明。

第一，要挖掘客户价值；

第二，要有效利用本公司的优势项目；

第三,将优势项目推广给对手公司的目标客户层,即城市年轻人群。

当他进行分条说明的时候,脑海中应该已经搭建好经营学的3C框架了(图1-5)。

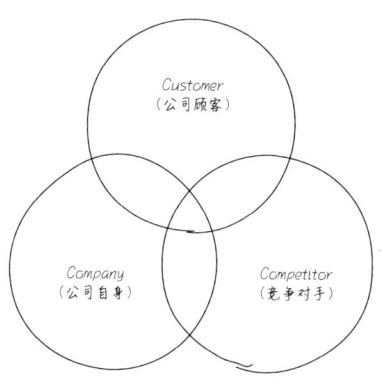

图1-5　3C框架

分条书写无法判断所有的内容是否都是重点,又或许后面可能还会出现两个重点。但将所有内容归纳在图形中再进行思考,不仅不会遗漏,还会在说到第二点的时候根据图形的提示想到第三点。(当然,图1-5中的3C图也是理想中的概念图。)

注意，如果咨询顾问思考得不成熟，那么可能即便他说出"重点有三点"，仔细听的人便能发现第一点和第三点的内容重复了。

第四节

捕捉图形的整体

一、思维与全局图的关系

在一张纸上进行思考还有另外一个重要的优点,就是它能让我们俯瞰整张图。这是因为把重要的内容画在一张纸上,自己的视角自然而然地上升,于是可以一览无余地看到整体的全局图。

为了更好地思考,必须要扩大视野去观察可能影响当下思维的所有要素。如果视野过窄,那么视野外的某种因素带来影响时,就会令我们措手不及。"思考的范围"大致等于"影响波及的范围"(图1-6)。

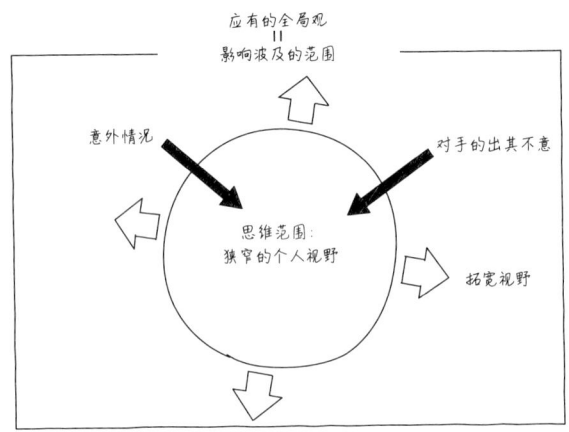

图 1-6　在图形中捕捉全局图

"全局图"应该被定义为所受影响的范围边界。如果拥有了全局图概念,答案的精度就会提高,失误的概率会降低。

二、思考的范围

有时,思考范围的不同可能会导致结果相差甚远。比如现在大家对工作有很多不满,总是被交代做一些额外的工作或没什么价值的琐事,大家一直在想方设法地从这种浪费时间的工作中逃离出来。

或许你觉得这是"现在""被迫做的工作",你会拒绝服从。但如果你改变自己的想法,把它们当作是"未来""必备的工作经验",那么也许你可能就会欣然接受那些工作(图1-7)。

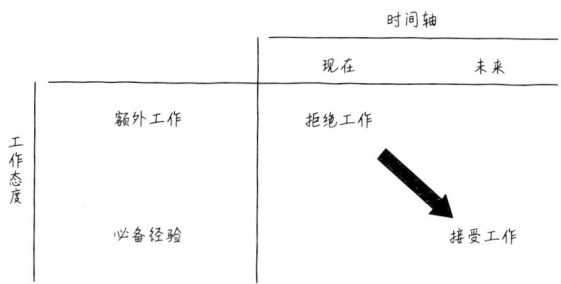

图 1-7 拓宽思考范围引起结果变化

我做战略咨询师的时候,经常对公司的年轻员工这样说:"三年内,无论被安排什么样的工作,都请用积极的态度去完成,三年过后你会看到完全不同的风景。"

在自己无法判断什么工作有价值、什么工作轻松辛苦的阶段,如果按照自己一时的想法拒绝了某些工作,你就可能会错过增长能力的机会。那时再推卸责任、责怪别人,你就最终错失了成长的黄金期。

尝试让自己的态度改变180°，不要让视野停留在"现在"的"工作"中，要着眼于"未来"的"经验"，从"拒绝工作"到"主动接受工作"。

如果你把问题的范围理解得太狭窄，那么可能无法找到正确答案。因为正确答案是受"问题范围"左右的。所以，在各种因素互相影响的世界中，一定要让自己思考的视野更加宽广一些。

三、商业鸟瞰图——"商业模式画布"

在商业中拥有全局图思维自然是无往不利的。我所教的一门叫作"创新商业模式"的硕士课程中，提到了商业模式，这就不得不提奥斯特瓦尔德和皮尼厄两人提出的"商业模式画布"（图1-8）。这张商业模式画布就是企业在价值创造活动中的全局图。

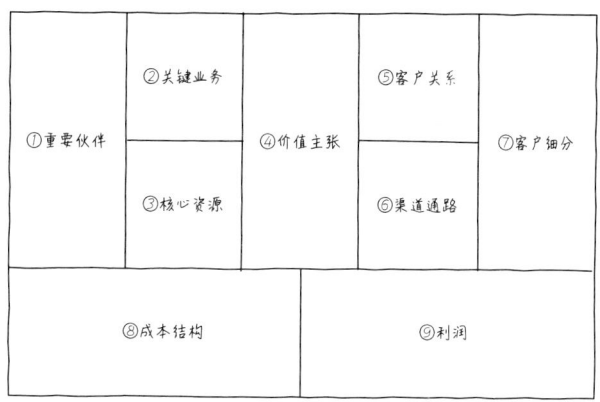

图1-8 商业模式画布

此图中间部分是价值主张,其左侧是创造价值必要的核心资源(资源与能力),右侧的价值提供对象是客户,而下半部分可以计算出所得利润。这张图基本上简明扼要地罗列出了创业所需的各个要素。

因此,进行创业规划时把该结构图画在纸上就会自然而然地形成自上而下俯瞰全局的视角。

商业模式画布避免了视野狭窄导致的一叶障目、不见泰山,它能有效地帮助我们想出更好的方案和创意。

基于以上观点，或许丰田的 A3 文化也可归类为培养鸟瞰型思维的文化。

从背景情况到问题设定、从分析到解决对策和提案，丰田公司一直要求员工在 A3 纸上进行精炼总结。

这种技巧将多张图进行整合，丰田的 A3 资料可谓是浓缩成精华的一张全局图。若想做出一张那样的 A3 图，必须培养全局观念，同时必须养成图像思考的习惯。

第五节

图形中也能产生新思路

一、熊彼特的"重组"

著名经济学家熊彼特曾经说过,创新来源于已有东西的重新组合。

将两种要素进行重组取得成功的案例确实数不胜数。洗发水与护发素组合成洗护二合一洗发水,照相机(机体)与胶卷(耗材)组合成一次性照相机,打印机印刷零件与油墨组合成墨盒,机器(机械)与衣服(功能)组合成穿戴式智能外套,飞机与直升机组合成鱼鹰直升机,等等。而能和智能手机组合的东西则更多。

我和在校研究生们讨论新企划方案或新产品研发的时

候，就经常通过重组已有的不同东西得到各种新灵感，比如：

·结合日式设计与除味功能的高级传统工艺袜子（设计+功能）（图1-9）

·在海运途中进行产品3D打印的移动式工厂船（运输+制造）（图1-10）

·把拍摄的房屋外景投影到房屋内壁打造墙壁消失感的内饰（拍摄+投影）

·越开越健康的健康监测车（移动+诊断·治疗）

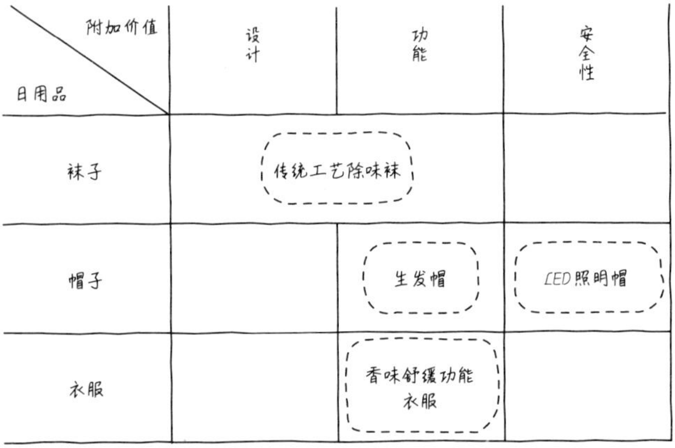

附加价值\日用品	设计	功能	安全性
袜子	传统工艺除味袜		
帽子		生发帽	LED照明帽
衣服		香味舒缓功能衣服	

图1-9 由重组启发思考

因此，在创新研发时最好找一张纸，横竖各画几条线，说不定就能从纵横的方格中得到启发。

如果思维受阻，那么更要画个图（矩阵图）然后再思考试试。

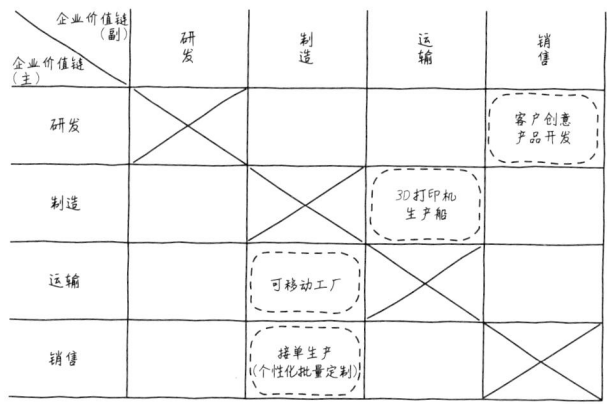

图 1-10　从组合的角度提出创意

二、无图很难产生组合思维

实际上，若要思考各种新的组合，不使用图形则很难进行。

当我们将两个不同的要素分别当作横轴和纵轴，边看图边思考，就会注意到图形上的空格，而分条书写却无法达到这样的效果。横竖两轴各写 5 项要点，5×5 得到 25 项分条的内容，这么多内容看什么、如何看，让人不知从何下手。

但若是找到3个以上切入点进行组合,并在纸上写下它们各自的要素,只是看着这张纸,也比分条书写的方式有用得多。比如,有3个切入点,分别写出5条要素,可如果用分条书写的话,就是5×5×5共125条内容。因此如图1-11,

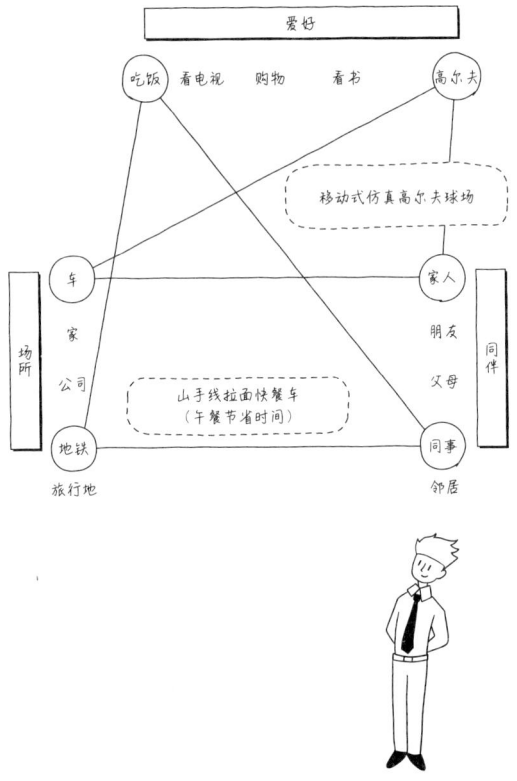

图1-11　图形激发创意

把要素任意画在纸上，画成一张概念图，仔细看图，凭借自己的直觉进行想象组合，就会得到灵感和创意了。

图形比大段文字更容易抓住重点，看起来也更直观，因此它能让我们更深地理解本质并得到新启发。

专栏：极简至上

精简信息的细枝末节，通过对关键词、概念、结构、关联等内容的可视化，深化理解，理清思路。卫星地图和普通地图的例子就是这个道理。不必要的信息越多，重要的东西就越容易被掩盖。商业中也是一样，对经营管理来说，最重要的信息正如飞机的驾驶舱一样要能看得十分清晰，这点非常重要。

整理得简洁有序的项目业绩、利润、成本、客户、市场或者竞争对手信息，也被称为管理机组资源或管理仪表板。

现在这类资料基本都使用PPT进行整理，但在未来可能会变化成好莱坞电影《终结者》或《钢铁侠》里的那样，图、线或文字直接展现在眼前，即AR化（图

1-12）。

图 1-12　AR 图像（图片提供：Shutterstock）

一进工厂或者办公室，所需的经营管理信息就会出现在眼前的空中。去拜访客户，空中就会浮现出客户的信息。

这样的世界也许并不遥远，也不知道世界将发展到什么程度，但只要人脑的构造和功能不改变，图形就是永远最直观的形式。

总而言之，极简至上。

# 第二章
概念图思维法

接下来将具体介绍画图的方法。在之后的章节中，我会对一些通用的图形模板（需要背诵下来进行详细讲解，而此处先对概念图进行说明。概念图的画法比较自由，但也需掌握一定的要点）。

第一节

概念图是图像思考术的基础

一、基础但非基本

所谓画图就是在一张 A4 纸上画线、圆、四边形等。概念图是其中最基础的东西。

在这里将其称为"基础"而非"基本"是有原因的。"基本"包含简单的、开始就应该学习的语感。而"基础"的意思是以它为基石，在此基础上建立东西，指的是形成根本性的东西。它不一定简单，但只要打好了基础，使用之后介绍的模板图形就变得容易。相反，使用模板图形也能够形成基础（类似鸡与蛋的关系）。

二、"关东煮"中隐藏的秘密

概念图,俗称简图,也就是聪明人在白板上画的图。它能够帮助我们整理各种观点,突出问题本质,厘清思路。

我最初认识简图是在刚入行做咨询师的时候。当时有一位资深咨询师,他擅长用白板画图整理观点,并提出解决方案。他当时画的图就是简图。大家都称他的画为"关东煮肉丸",因为他画的图形和关东煮中圆圆的肉丸很像(图2-1)。□是现状,○是目标,△是方法,不过最常用的是□和○,△几乎用不到。

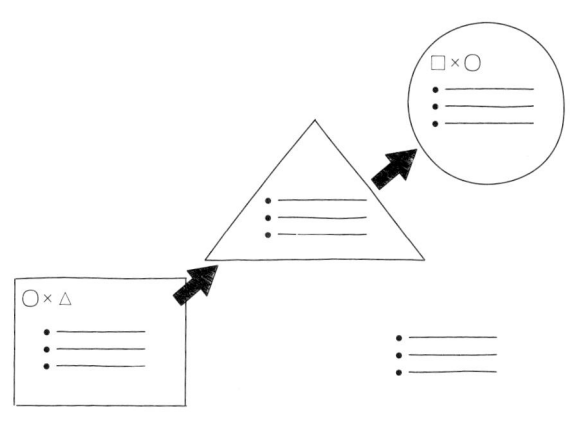

图2-1 "关东煮"概念图①

大家各抒己见，这位资深咨询师就将大家的意见填入圆圈中。慢慢地，讨论的观点就不断融合，最终都被收进这个圆圈中，于是发现似乎找到了解决问题的方法，效果令人惊讶。

为何这样做就能融合各种观点呢？因为这张概念图是一张拥有从现状到结果的整体图形，它是一张全图，所以可以囊括所有观点，之间的联系也十分清晰。

另外，横轴是时间，纵轴是事物的发展阶段（图2-2）。

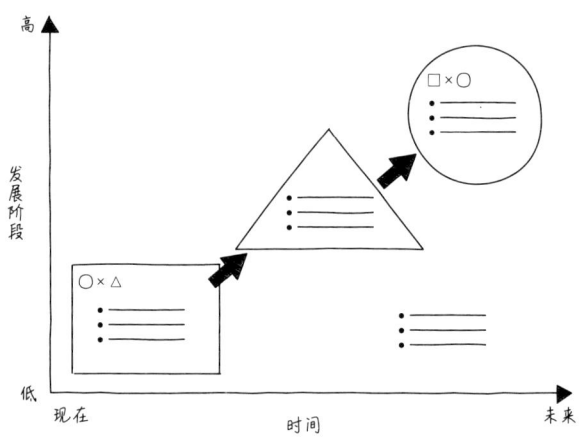

图2-2 "关东煮"概念图②

因为"关东煮"是全图，所以它才能呈现出那些被新手咨询师们忽略的观点和细节，这就是"关东煮"的意义所在。

接下来介绍画概念图时需要注意的事项，大概分为五点，十分简单。

第二节

概念图的基本之一——不使用复杂图形

一、四边形和圆形就能搞定

画图使用类似四边形和圆形等基本图形就能搞定。

画系统流程图时,区分得比较细致:数据用四边形,数据库用圆柱,方案用菱形等,但是如果利用图像思考的话,就无需使用这么多图形。

首先,思考这些图形的分类太麻烦,把过多精力放在这些形式上,可能让好不容易形成的思路又断开。所以只用四边形和圆就足够了,而且这两种图形也简单易画。

那么在画四边形和圆的时候如何区别使用呢?实际上,我自己在画图的时候并不会进行严格的区分,一般是比较随性地画四边形或圆。不过概括起来，四边形一般用于事实或实际情况，圆一般用于概念或关键词（图2-3）。

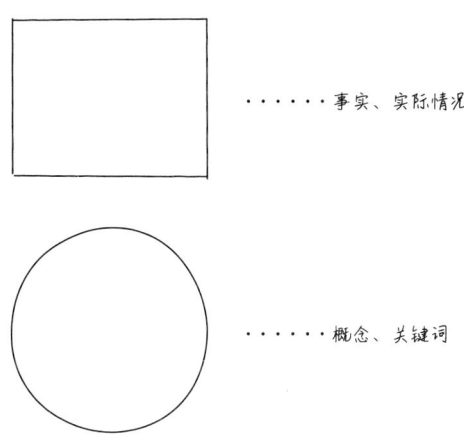

图2-3 四边形与圆形

二、用于流程图的箭形图

再列举一个重要的图形——箭形图。将3~5个箭形图排列起来，就能够清晰地把握一件事情的流程。箭形图是构成流程的"有意义的集合"。

假如我们想在忙碌的每天当中挤出一些学习英语的时间，我们就必须画一张从起床到就寝的行动箭形图（图2-4），这样就可以知道自己应该从哪里节省时间、如何学习。

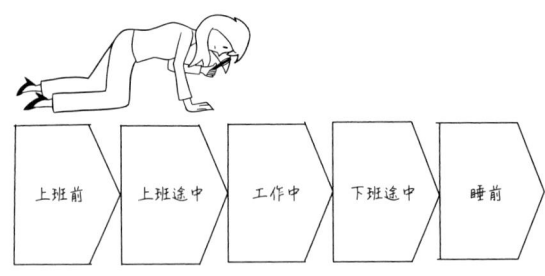

图 2-4　箭形图①

将单词、听力、阅读理解、语法等项目排列开来，再整体看一下所画的图形，或许你就会得出一个明确的行动方案（如图 2-5）。

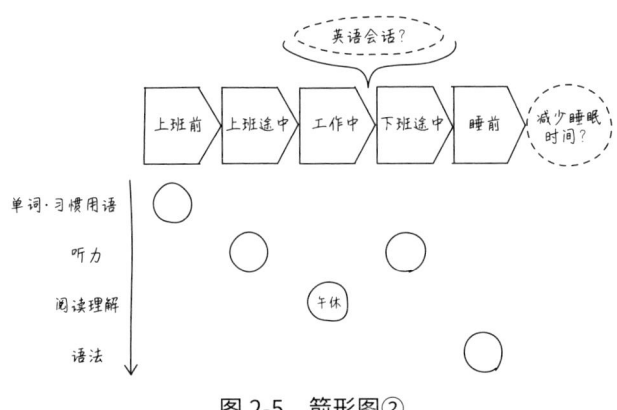

图 2-5　箭形图②

第三节

概念图的基本之二——文字要短小精悍

一、减少文字数量

接下来,要减少文字的数量。

尽力避免长句,即使使用长句,也最好省略赘余的字词。使用图形进行思考就是尝试将文字转化成图形进行理解,所以尽量使用"右脑式"方法,减少以读句子进行理解的方式。

在此顺便说一件最近遇到的一件事。最近去宜家买了一个沙发床,让我感到惊讶的是沙发床的组装说明书,上面一个字都没有,全部都是图形说明。当时我十分感慨,原来图形是全世界通用的思考模式。

二、灵活使用关键词

毋庸置疑,文字是高效的"符号",文字中包含着无限的力量。特别是如果在一段文字中找到了能够体现本质的关键词,那个关键词就具有无穷的威力。它能让我们的思维变得敏捷,交流也变得顺畅。因此,若想使用关键词,那就要尽量在文字中挖出最精炼的词。

曾经有一段时间"现场力""可视化"等经营学上的词汇红极一时。本来都是源于丰田公司的生产车间现场,但在"现场"后加上一个"力"字,却让人可以立即感受到生产车间蕴含的内在能量;在"可视"后加一个"化"字,立刻让人关注到从看不见到看得见这一过程。我想这就是关键词的魅力。

第四节

概念图的基本之三——用线理解关联性

一、线的三大功能

概念图的第三点是线的活用。线有连接、圈画、分隔的功能（图2-6）。分隔和圈画的功能本质上是相同的，都是将写在纸上的东西进行分类分组，能够让抽象程度提高一级，让我们不只看到树木，还能看到整个森林。

连接功能使事物的各种关联可视化，关联性等都会通过线的连接更加明确。

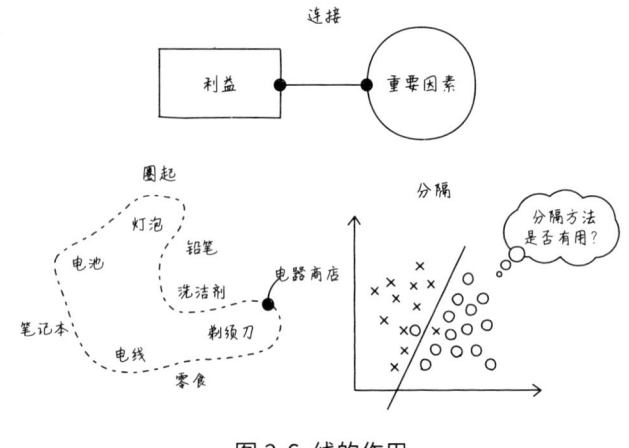

图 2-6 线的作用

二、加粗和箭头的作用

我一直用不同粗细的线体现关联性的强弱。画图的时候，关联性重要的部分我会用钢笔多描画几次，把线描粗。在描线的时候，不断将其重要性固定在大脑中，也有利于之后的思考。

另外，线还有升级版——箭头。如果是因果关系或以时间为主线的关系，那么使用箭头是比较合适的。随着箭头的指向，理论的脉络和故事梗概就会浮现在脑海中。

第五节

概念图的基本之四——强调重点

一、帮思维划重点

概念图的第四个要点是"强调"。

刚才提到的画线加粗也是用于强调的一个方法,通过对重点要素的强调来帮助思维区别重点与非重点。

这个时候,使用红蓝色进行区别比较有效。无需太多颜色,预先设定好什么颜色表示什么意思即可。

不过,同一张纸上的相同颜色尽量表示同一意义会更一目了然。比如,重要的要素用红色标记,还要继续深入思考的要素用蓝色标记,等等。

二、"强调"的三种方法

我经常使用三种强调方法。

第一,将重要的部分用粗线圈起来醒目。

第二,用☆做记号。当感觉自己好像考虑得差不多的时候,就在那部分内容上画个☆,有时根据事情的重要程度,可自由增加☆的个数。

第三,若不用☆,用类似①②③这样的序号给要素排序,这对理解事件的脉络较有帮助。

我自己常常无意识地多种方式并用,所以经常会得出图2-7那样比较丰富的图形。不过,一旦图形画好了,基本就不会再重画了。因为纸上的图形和自己的思维已经重合,并深深嵌在脑海里了。

我在生活中也时常发呆,放空一切地进行思考,其实这是在将脑海中的图形当成思维的框架,不断让想法成熟。泡澡的时候或上厕所的时候,经常会想起脑海中的那张纸,比如"纸的右下方那里看起来很重要""左上方还得加上另外一个项目",等等。

将图形当作框架,不知不觉间就能不断地加深思考,我觉得这就是使用图像思考术的实质。

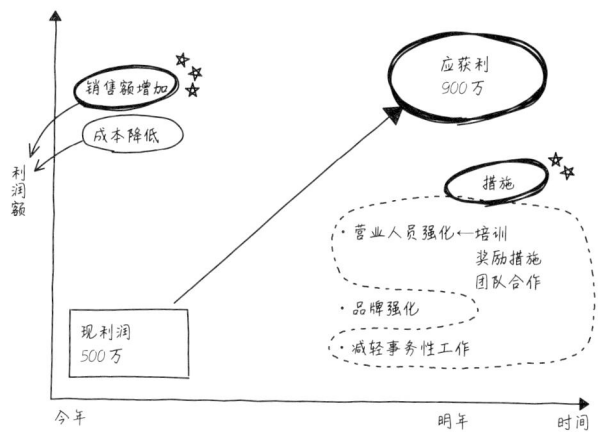

图 2-7 用图形打造思维的框架

第六节

概念图的基本之五——画图时别忘周围留白

一、画图不从边界起

最后一点,开始画图时到底应该从哪里画起。

答案是上下左右分别留些空白就可以开始画了。因为最开始我们还无法预料全景,只通过有限的图形架构很难准确把握整体。所以要有意识地在纸的四周留出空白,而且基本上这些空白的地方之后几乎都能用到。

二、答案在空白处

空白有时会给问题的解决带来灵感。

在观察空白处的时候,自己会反思有无漏掉的信息,怀疑图形的完整性，可能会强制性地让人想出一些新切入点和新要素。空白会刺激新思考，我们会不断地在空白处写下新的想法，这样就形成了空白促进拓宽思维、新思维又反过来丰富图形的良性循环。

就拿"关东煮"的例子来说，儿童在升入小学高年级，要开始思考未来的时候，可能就会画一张图2-8中这样的图形。

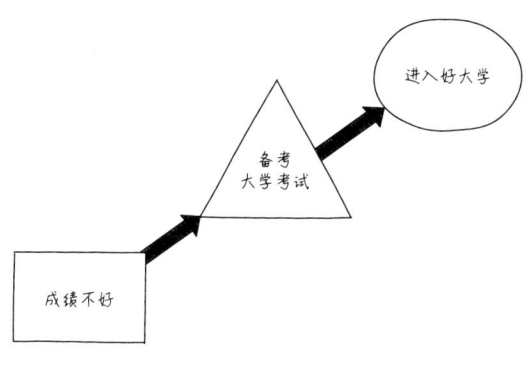

图2-8　"关东煮"图③

于是，看着纸的空白处，就会思考上好大学是否只有高考一条路可走，然后开始尝试从各种角度想一些其他办法，于是发现还有推荐入学、大学单独招考，甚至海外留学等多种途径（图2-9）。

概念图比较灵活，有意识地用全图观念或横竖轴方法，右脑和手协同运动，就能自由地将思维整理成框架。

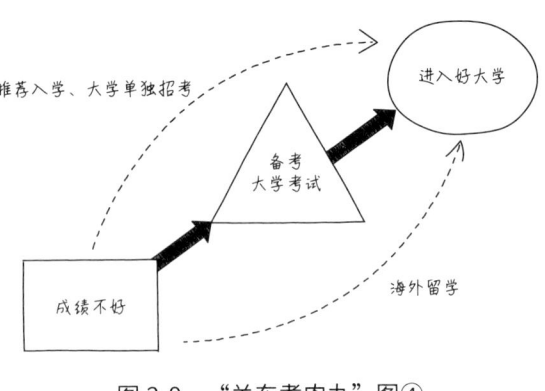

图2-9 "关东煮肉丸"图④

专栏：语文、数学也能用图形思考吗？

使用图形能够将表面上完全风马牛不相及的两个事物从根本上联系起来，发现它们的共同本质。

介绍一个简单的例子，以小学三年级的教科书为例。以前的语文教科书中曾经有一篇文章，叫作《面朝大海》。文章的主旨是大海对生活是十分有益的，所以我们必须保护大海。

仔细思考这篇文章，它和我们在数学中学过的三段论有异曲同工之处。即因为大海（A）→重要（B），重要（B）→要保护（C），所以大海（A）→要保护（C）。

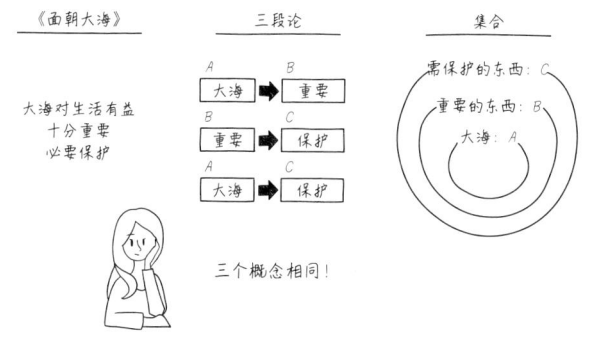

图 2-10　用集合表示《面朝大海》

你应该从中得到灵感了吧。

不过，这里使用的图，是表示集合的圆圈。不要担心自己不擅长"集合"等概念，这里说的"集合"并不复杂。

从集合的角度来讲，大海属于重点要素的集合，重点要素属于应该保护的集合，所以，大海自然也包含在应该保护的集合中。比起语言文字，图2-10的概念图更加直观易懂。

这到底意味着什么呢？

实际上，语文中的"理论构造"和数学中的"三段论"，还有"集合关系"的本质是一样的。

语文、数学和图形都是表里如一的，所以语文和数学也能用图形进行思考。我相信，这才是图形本来的力量。

附1：基础篇演习：

图像思考术下的"职业规划"前篇

一、带着图形开始思考

接下来我们用之前介绍的概念图画法来制定职业生涯规划的流程，我们将考虑到以下状况：

现在，你是日本某公司30多岁的技术员，男，已婚，有一个孩子。虽然并未对现在的公司不满，但随着阅历的增加，你很想去更大的舞台，比如在国际化的公司中成为一名精英，展现自己的才能。今后，你该如何选择自己的职业路径呢？

该问题最大的矛盾存在于"现状"和"理想状态"之间，适合用"关东煮肉丸"图。

将横轴定为时间，纵轴定为职业发展状况，右上是"国际化企业的精英",左下是"日本的制造业技术员"。

在两者之间的空白处,是不是能够想到些什么呢?

国际化是不是意味着要跳槽到外资企业?

将来是否需要独立负责项目的经验?

还需要学一些日常英文会话、管理类的知识等,想到这些就会让你望而却步、打退堂鼓,于是你决定还是在目前的职场继续坚持一下,日后再从长计议(如图附1-1所示)。

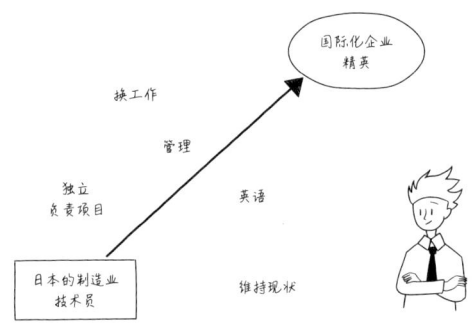

图附1-1 图像思考术下的职业规划①

将纸上,有关的内容用虚线圈起来,就会带来新的想法。

比如把英语和经营管理圈起来,就会联想到去海外读MBA这条路。把经营管理和换工作圈起来,不光能想到跳槽到外资企业,还能想到跳槽到战略咨询公司。如果再把独立负责项目和经营管理圈起来，可以联想到去合资企业（如图附1-2所示）。

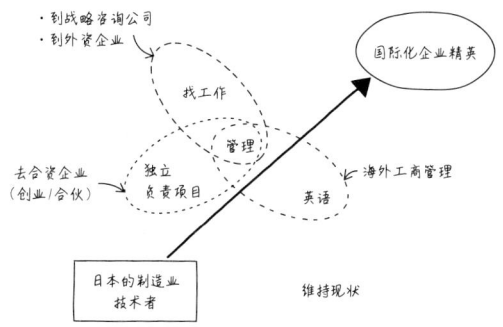

图附1-2　图像思考术下的职业规划②

像这样，盯着最初的简图，动动手把文字圈一圈，就迈出了解决问题的第一步。

二、俯瞰空白处

下一步，稍微离简图远一些，再进行观察。

也就是要抬高自己的视角，全面俯瞰图的空白处。这样做，可能会让你意识到自己陷入了"视野狭窄"的困境。

刚才提到的简图，说到底还是自己一个人思考的情况。但是，我们自己的人生也深深影响着家人的人生。所以，只考虑自己是不够的。我们还需要重新认识家庭关系这一重要因素。

家人从心底希望我们成功，但希望归希望，他们更愿意跟我们在一起长时间生活，而且还需考虑家庭经济状况。如果去海外读MBA，虽然你会收获跟家人在海外共同生活的宝贵经历，但其间若无法保证收入，家庭财政就会面临巨大的压力。

另一方面，假设你去的是战略咨询公司或合资企业，那就比去普通公司的风险高一点。不仅收入不稳定，而且也很难有充足的时间陪伴家人。

考虑到诸多因素，会让我们重新意识到自己的职业生涯不仅是我们个人的事，还关系着家人的幸福，把这些错综复杂的关系整理成图形，就是图附1-3所显示的那样。

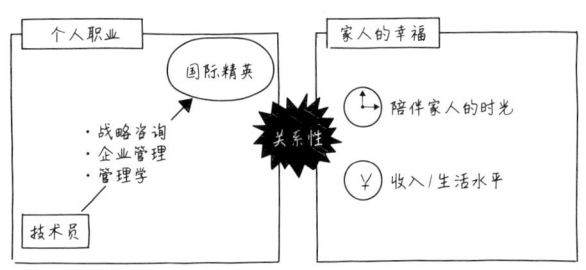

图附1-3　图像思考术下的职业规划③

在这里，我把维持现状和跳槽到外资企业两个选项删掉了，因为维持现状过于消极，而想去外资企业但暂时没法决定行业和工作地。

三、分组后总结关键词

仔细看图附 1-3，你有没有冒出什么新想法？

再深入思考一下，应该就会发现你是站在两大对立轴的中心思考问题的，那就是"结果"和"过程"。自己最终想得到的"结果"和结果之前所采取的时间分配方法这一"过程"。

把家人与自己的联系考虑进去之后，就会发现"结果"和"过程"这两个本质完全不同的重要存在。于是，就必须面对一个更加本质的问题，到底什么更重要。你认为什么更重要会决定着不同的结果。

无论是人生还是经营管理，做什么（What）、怎么做（How）都很重要，但为什么做（Why）更重要。如果连为什么做的原因都不明确，就没有判断基准，也无法做出正确决定，大家或组织甚至自己，都无法认真做事。

本次的事例中,通过总结"结果"和"过程"这两个关键词,思路变得更加清晰明确（如图附 1-4）。请注意，关键词要用粗线进行强调。

图附 1-4　图像思考术下的职业规划④

在此我们先暂时中止职业生涯规划的讨论，待第二部分实践篇讲解完后再继续讨论。

第二部分

实 践 篇

一、金字塔图与田字图

接下来是实践篇,我们先回忆一下第二类图形——构成图。

图像思考术是俯瞰事物的整体和关联性,将理论和结构进行整理总结的一种尝试性思维活动方法。而构成图使用的是图形的模板,即将其他人创造的模板为我所用。

实践篇主要介绍四个模板。可以说这四个模板才是我从聪明人那里学到的图像思考术的武器。

前两个模板是把握理论结构的金字塔图、把握整体的田字图。

我在理科类硕士研究生毕业之后,进入商业领域学到了很多东西，金字塔图和田字图就是我入职咨询战略公司后，在培训中最先学到的两个模板。

金字塔图通过分类把握理论整体构造，将逻辑思考的过程化为图形，应用十分广泛。田字图在之前夫妻关于外出就餐问题上出现过，是由两条横轴和两条纵轴组成的图（图1）。图1中显示了外出就餐的所有可选项，是一张全貌图，可见"田字图"适用于把握事件的整体。

二、箭形图和链形图

另外两种模板分别是：表示流程的箭形图、解读动态关系的链形图。

这两种模板都是用来把握动态特征的模板，他们能抓住金字塔图和田字图难以捕捉的理论。

世界上几乎所有事物的机制都是输入信息、处理信息、输出信息，箭形图十分适用于这种具有清晰动向的事物。此外，它还适用于根据时间变化而变化的事物。

链形图是动态的"循环"。循环是世界万物运动的重要方面。这种循环关系很难用其他三种模板理解，而链形图却可以分析出现象背后潜藏的关系和原因。

金字塔图、田字图、箭形图、链形图都是图像思考术中强有力的武器,从第三章到第六章我们将对这四种模板进行讲解说明。

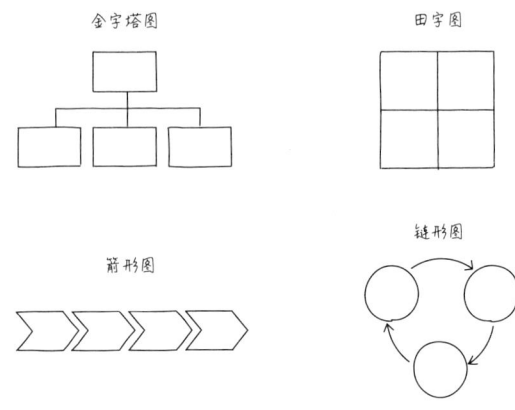

图像思考术四种模板

第三章
常用模板之金字塔图

金字塔图,因理论结构图形化之后形似金字塔而得名。横向展开时,金字塔呈平躺型。金字塔原理与MECE分析法(枚举分析方法)都是逻辑思维能力中最基本的思维。

第一节

金字塔原理的作用

一、近代科学的基础

金字塔原理，是通过把复杂的内容分解成具体要素，进而促成理解的过程。

进行分解时要采用 MECE 分析法（Mutually Exclusive Collectively Exhaustive），即枚举分析法，必须将所有要素全部并无重复地列举出来。遗漏或重复列举都会阻碍我们得出正确理解或正确答案。

实际上，金字塔原理还被认为是近代科学的起点。

例如，理解"水"的性质时，我们会把水分解成"氢"和"氧"。如果理解了这两个元素，对"水"的理解就水到渠成了。若要继续深入理解"氢",就要探讨如何将氢分解成原子核和电子,等等。

人类通过分解事物的性质来解释现象,进而形成理论。然后将知识进行体系构建,最终推动生产力的发展。在近代科学中,这是一项十分有效的研究方法,叫作"要素还原主义"。

金字塔图就是将要素还原主义图形化后的产物。

二、金字塔图

30年前,在我开始从事咨询顾问工作的初期,我认真学习了金字塔原理,图形化后叫作金字塔图。当时金字塔图还叫作"逻辑树状图""议题树状图",没有统一的称呼。严格意义上,这两种树状图有很大差异,此处省略不做赘述,感兴趣的读者可参考日本经济新闻出版社出版的《图形化逻辑思维》。我在之前的章节中介绍了文章《面朝大海》(图2-10),如果将这篇文章变成金字塔形状,会得到以下图形(图3-1)。

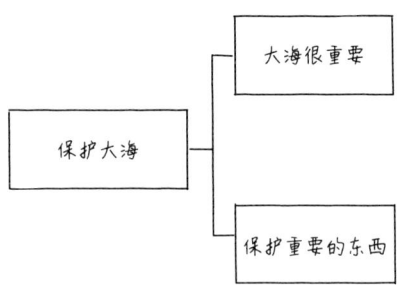

图 3-1 《面朝大海》金字塔图形化①

如果你是咨询顾问,你的任务是向客户宣传保护大海,从"大海很重要""必须保护大海"为起点进行论证当然可以,但金字塔图更加简单明了。对方认可这两点,就会响应"保护大海"的建议。

相反,如果你想让对方接受"保护大海"的建议,就对金字塔的两个要素"大海很重要"和"保护重要的东西"进行调查分析,对方自然而然就明白了(图 3-2)。金字塔能帮助我们减少不必要的工作,快速高效地找到正确答案和方法。

图 3-2 是整个课题的全图,包含全部应做的事项。将事物有条理地展示出来是金字塔图的优势。

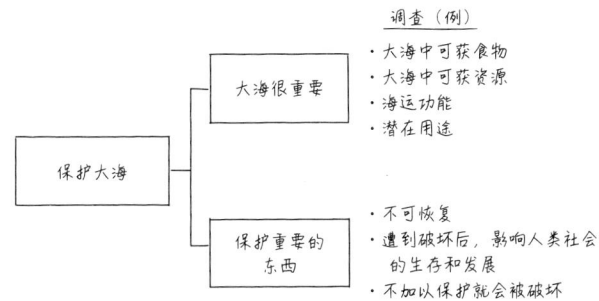

图 3-2 《面朝大海》金字塔图形化②

其实,《面朝大海》是我大学刚毕业进入贝恩咨询公司时入职培训资料中的题材,当时的东京分公司社长后正武先生负责对我们进行培训。

那时我的梦想是成为一名战略咨询师,没想到进入梦寐以求的外资战略咨询公司后,最先让我们读的材料是小学三年级的教科书,这令我有些吃惊。

第二节

使用金字塔图，拓宽思考范围

一、画三个方框

如何使用金字塔图进行深入思考呢？方法十分简单。首先在纸上画好金字塔图所需的方框，最上方画一个，中间画 3～5 个（图 3-3）。

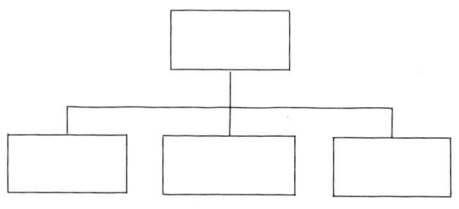

图 3-3 金字塔图基本框架

在最上方的方框中写下目前亟待解决的中心问题，再在下方的方框中列举出与中心问题相关的重点要素。事先将方框画出来有其独特的用处，如果把空白的方框画在纸上，会强制自己在方框里填上内容，强制思维进行全面活动。根据枚举分析方法中"避免重复"的原则，请注意不要列举重复或类似的内容，这样才能帮助大脑全方位思考。

当然，方框可以继续向下扩展。但如果向下扩展得太过复杂、细化，反而不易理解，所以我建议三层金字塔比较好。为了方便读者学习，本章的例子采用两层金字塔图。

举例来说，假如你是开发新项目的负责人，现在正在讨论 A 项目，你如何判断该项目是否可以进行？这时，金字塔图能够帮你做出正确的选择。

首先，画三个方框，把必须考虑的要素填进去，这时还要用到管理学的一些理论。这里是对事业项目进行评估，而且画了三个方框，于是我们可以选用讨论客户、公司、竞争对手关系的 3C 框架。

根据需要，我们在金字塔图内填入以下三个要素（图 3-4）：

- A 项目是否能创造出充分的客户价值；

- 在公司目前的资源和能力范围内，项目实施的可行性；
- 中长期内是否拥有异于其他竞争对手的特殊优势。

若三要素都具备，A 项目就可以通过评估，着手实施。

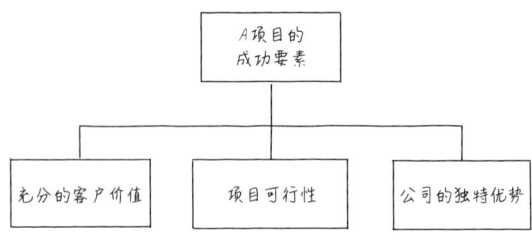

图 3-4　用金字塔图分析项目的成功要素①

二、根据需要增加方框个数

再慎重一点的话，建议拓宽思考的范围，这时必须增加方框的个数。增加的方框会迫使你更加努力想出其他方案。试着把方框增加到 5 个，拓宽思路后就能想到以下问题的答案：

- A 项目是否与公司目标一致；
- A 项目的实施是否有助于发挥公司的优势；
- A 项目是否与公司的其他项目相辅相成；
- A 项目一旦失败是否会造成重大损失；

·本公司的环境是否适合A项目的运营实施。

这些角度并没有局限于A项目本身,而是站在公司层面进行的战略思考,从目标、优势、协同发展、资本、环境五个方面对A项目进行了全面评估,思考的范围就变宽了。(图3-5)

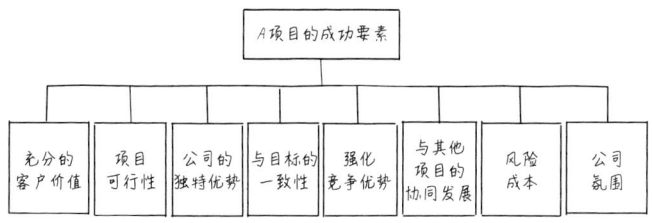

图3-5 用金字塔图分析项目的成功要素②

我们可以明显感受到增加方框的数量可以激发创意,拓宽视野,深入思考,帮助做出正确抉择。

有些优秀的企业因为新开发的项目在本公司"水土不服",最终导致项目失败。例如日本丰田的汽车零部件供应商DESO公司就曾涉猎手机领域,但项目最终被迫中止。因为汽车零件与更新换代迅速的手机在开发流程上不同,而且与所需的企业文化也不匹配。此外,日用品厂商花王公司也曾做过磁盘(电脑用于保存数据的工具),也以失败告终。

在这两个事例中，新增方框中的隐藏要素才是促成项目成功的关键。

三、采用特殊视角拓宽思考视野

怎么做才能发现隐藏要素呢？

首先要利用管理学中的固定框架。把 3C 或者 4P（Production= 产品，Price= 价格，Promotion= 销售，Place= 流通）等你记忆中储备的知识调动起来作为一个切入点。

可是那些根本不知道这些知识的人应该怎么办呢？

我的实践证明，"特殊视角"能够让我们对事物进行全方位的剖析，从而拓宽视野，弥补盲点。

我曾对下属和实习生做的资料（尤其是图表）以特殊视角进行观察。其实人非常容易陷入"视野狭窄"的误区。视野狭窄是指一种思维定式，只关注常见的问题，没有新视角、新观点，无法打开思路。想要突破这种局限，就必须采用特殊视角。帮助下属或学生走出视野狭窄的"迷雾"是领导或老师的一大职责。

关于特殊视角到底是什么意思，很难用语言表达。我的具体做法是有意识地对事物进行不同方位的观察，包括从上到下、从内到外等各种角度。如果审视太严格可能会招致对方反感，但确实能得到许多新的线索。

四、横看、上看、下看、内看

提高某产品的节能功效则该产品一定会深受市场欢迎，于是有人提议抓紧时间进行技术研发。然后当被问到具体措施时，大脑却无法立刻理清思路，利用图3-6的思维方式又不容易被理解，这时我们可以考虑从以下几个角度入手。

·向右横看【竞争对手视角】→避免对手公司"超车"

节能功效在数字上更加直观，而且容易被其他公司轻易赶超，必须避免类似恶性竞争的风险。

·向左横看【管理能力视角】→审视公司的管理能力

假如公司向客户宣传节能功效，那么要考虑公司是否有把握将自己的优势完整传达给客户。

·上看【顾客视角】→站在顾客的角度思考问题

如果客户已对现有产品的节能功效很满意，公司必须反思是否纯粹为了自己想制作更好的产品而做无用功。

·下看【利润视角】→确认资金投入后有无产出

为了提高节能功效投入的资金是否得到相应的回报。

· 内看【研究开发能力视角】→从内部反省节能本身

在提高节能技术的同时，是否基于公司已有技术的应用，是否有利于技术革新。

经过这样全方位、多角度的特殊视角观察，可以得到一些全新的观点，也能通过补全方框中的内容而获得更宽广的视野。

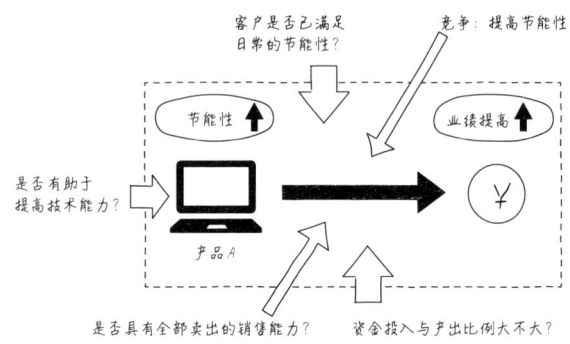

图 3-6 多角度视角的思维方式

五、分组抽象法

如果还是毫无头绪该怎么办？我们还可以尝试使用分组的方法。先把能想到的东西全部写下来，将相关的内容进行分组。分组的作用在于促进抽象化。促进抽象化就是将各个要素上升一个层次之后，发现共同点。每找到一个共同点，它就有可能成为金字塔图中的内容。分组之后，看起来杂乱无章的问题开始变得有序，我们能更方便地找出解决问题的办法。

让我们把这个方法放到日常生活中常遇到的问题上检测一下。

现在我的房间脏乱无比，我想收拾整洁，但是迟迟未动手。这时，我会把想到的相关信息都列举出来：东西太多、没时间收拾、不舍得扔、无用物品多、无从下手、没有把东西归还原位、衣服乱放、过期信件报纸堆积等等（图3-7）。

图3-7　分组①　简单列举

于是，我看着写下的这些条目，将相关的内容进行分组，想到了分组目录。然后再贴一张关键词——What（内容）、How（方法）、Why（原因）（图3-8）。What=不要的东西居多；How=不收拾，导致杂乱；Why=不知何时开始收拾整理。

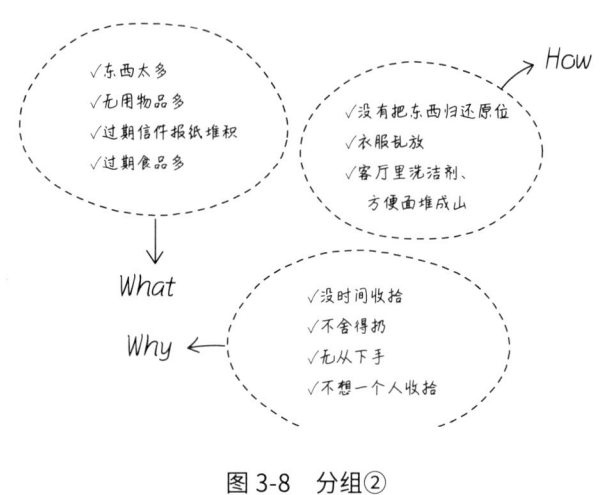

图 3-8　分组②

我似乎找到整理房间的头绪了。我的着眼点在 Why 上。

不扔掉东西，把它们全部归位确实有点难。时间有限，不可能一气呵成完成整理工作。如果总考虑如何开始收拾，那就永远也无法开始。所以，不要找借口，先从简单的事开始整理。

当你发觉自己总是找理由不收拾房间的时候，就要告诉自己"别想太多，先动手做起来"。和家人一起齐心协力，把绝对不会再用的东西一件件扔掉，东西就会越来越少。如果不这样做，房间永远都整理不干净。

把所想的东西写出来进行分组，能够推动大脑思考。就拿我家整理房间的事情来说，如果通过制订计划来整理的话，很难完成。从眼前的、容易的事情做起，渐渐地东西就少了，这种不设限的方式也是有效的。所以，最近我又开始扔东西了。

第三节

使用金字塔图,加深理论理解

一、重复反问五遍原因,强制深化思考

在前面的部分中,我们介绍了如何使用金字塔图拓宽视野、把握整体结构、找到最佳解决办法,从本节开始,我们来讨论一下加深理论理解的方式。

金字塔图不单单对了解理论结构有帮助,对认识事物本质方面也有帮助。发现可疑的地方,就要反复问自己"为什么",这样才能够达到深度挖掘的效果。

因为在反问自己原因的时候,我们会被迫反复分析它的疑点,以疑点为入口,视角发生多方位扩散。比如被问到"为什么没有销售能力"时,回答"因为没有销售能力",这样

的回答肯定不过关。如果要通过金字塔图来解决这个问题，必须找到与众不同的切入点。反问自己五次"为什么"，就相当于找到五个切入点。

我们就从刚才这个"为什么没有销售能力"开始说起，假如你回答"因为我不了解客户"，这样对方就能够理解。因为要回答"销售能力"，必须从客户入手。

接下来，要再重复第二遍、第三遍"为什么"。为什么不了解客户？也许是因为你知道即使了解客户、提升销售业绩，仍然得不到高奖金。公司没有合理的奖励机制。接下来，就转向人事制度了。为什么人事制度中没有合理的奖励机制呢？会不会是因为公司重研发而轻销售呢？如果是的话，就要找体制文化的问题了（图3-9）。

就这样一遍一遍反问"为什么"，发现看问题的不同视角，就会逐渐明白自己销售能力不强的真正原因了。这时才能发现要提高销售能力，必须对公司进行体制改革。这样就把销售问题变成了公司体制问题。经常会出现这种解决方案离问题本身相差很远的情况。原因和结果之间是不受时间和空间限制的，而重复反问五遍，是为了得到至少五个结论，才能顺藤摸瓜找到离问题很远的原因。

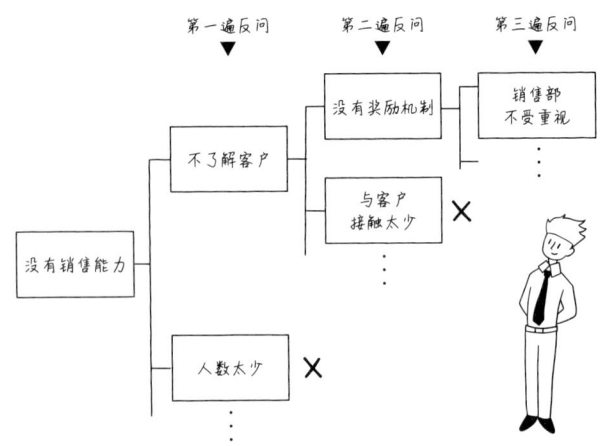

图 3-9　金字塔图帮助深化理论理解

二、日化公司新项目失败的真正原因

这是一家日化 A 公司的真实故事。

A 公司计划利用技术优势生产原有的 B 材料以外的新材料 C，但进展不顺利。他们一边搜集信息，一边不断反思，最终找到了客户不买 C 材料的真正原因：

客户不想从该公司听到关于 C 材料的信息；

客户除了该公司的 B 材料，对 C 材料不抱希望；

对客户来说，该公司最重要的价值是提供 B 材料；

客户只希望 A 公司将主要精力放在 B 材料的品质和成本上；

也就是说，虽说 A 公司内部有类似的生产技术和同一批客户，但是越卖力推销，越适得其反，因为这种经营方式本身就有问题。

也许有人认为与原产品共用一套技术、共享一批客户不太适合，实际上更正确的做法是设立子公司，成立新品牌，建立新组织架构，进行新产品的销售活动。

三、金字塔图三问

金字塔图可以帮我们找到原因与结果之间的关系，最终发掘事情的本质。所以在看金字塔图时，要从三个层次考虑：为什么是这样？接下来怎么做？这样做对吗？

通过这三个问题进行全面怀疑，金字塔图就能发挥它的作用（图 3-10）。

我刚开始从事咨询顾问工作的时候，一直被资深顾问追问"为什么是这样""接下来怎么做"，等我成为资深顾问以后，我也变得和他们一样，而这些质疑提高了金字塔图的精确度。

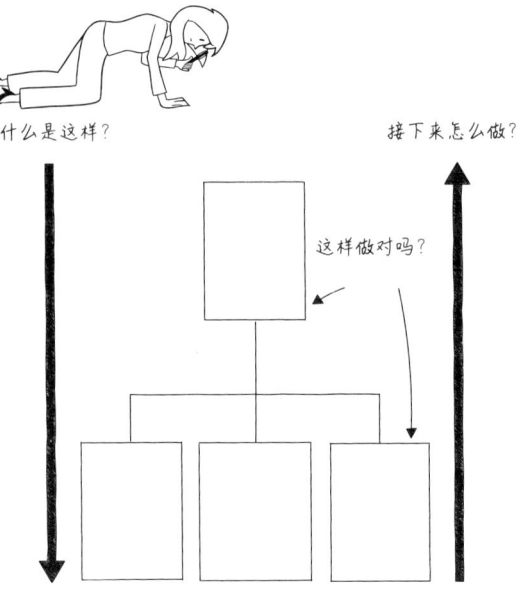

图 3-10　看金字塔图时的三个层次

另外，质疑方法的正确性也特别重要。经常问"这样做对吗"能够避免纸上谈兵。如果对方让你举例证明做法的正确性，而你找不到具体事例，那就是空谈。所以在讨论阶段，就要注意一定要举出具体事例来佐证。

四、分清"原因"与"结果"

我们会想当然地觉得自己不会颠倒因果,但是人确实经常做出这类的事情。那么,他们真的把原因和结果弄反了吗?

拿7-11连锁便利店举例吧。7-11一直以其较高的日销售额为傲,据说业绩好的一个原因是自营品牌(PB)经营得出色。7-11自营品牌的食品确实很好吃,但仔细想想这个理由似乎不对劲,因为7-11最初创业的时候并没有自营品牌。所以,一般认为"因为自营品牌商品销量好→业绩好",实际很有可能是"因为业绩好→有实力创立优秀的自营品牌"。取得不错的业绩之后,食品公司才可能提供更好的自营品牌产品。

还有一个更熟悉的例子,"因为不爱学习,所以成绩不好"。这件事可能大多数人都将其本末倒置了,应该是"因为成绩不好,所以不爱学习"。如果是前者,想要提高成绩,爱上学习就能解决了,很显然这没什么用。不如选一个科目,在某次考试中让他取得一次不错的成绩,哄他开心,于是爱上学习,慢慢成绩就变好了,形成一个良性循环。

由此可见,原因和结果有时很难分清。在分析原因和结果的时候,考虑一下顺序,试着把原因和结果反过来仔细想想。

第四节

使用金字塔图,扩展视野范围

一、金字塔图能够扩大思考的框架

金字塔图除了拓宽理论范围、加深理论理解,还能扩大视野范围。

金字塔图能够把一件事分成两个以上的要素,越是金字塔底端就越具体。有趣的是,具体并不一定意味着细致入微,有时也可以宏大而具体。

请看图 3-11 中的两个图形,两张图都对营业额进行了分解。

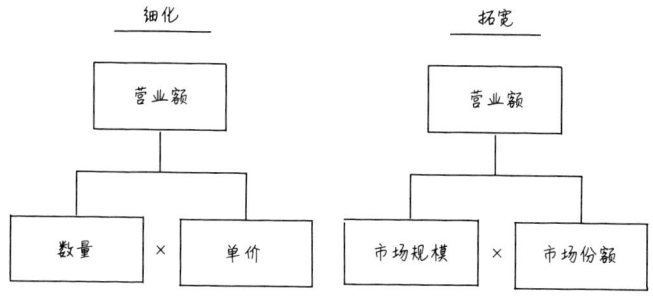

图 3-11　金字塔图扩大视野范围

左图把营业额分解为数量 × 单价，窄化了视野。右图不仅变具体了，视野也更加宽广了。它走出了营业额的束缚，着眼于扩大市场规模的行为。

也就是说，在考虑金字塔图的时候，不仅要"细化"视野，还要"拓宽"视野。

接下来介绍的是一名 MBA 留学生写硕士论文的故事。

这位留学生的论文主题是自己所在的中国企业重新进军日本市场的战略规划。该企业曾经打入日本市场，但因一直赤字不得已退出日本。

大概是因为之前的方法不对，所以那名学生将过去的失败原因全部都找了出来，并找到了解决方案，做出重新进入日本市场的计划。

他做出了图3-12那样的金字塔图。

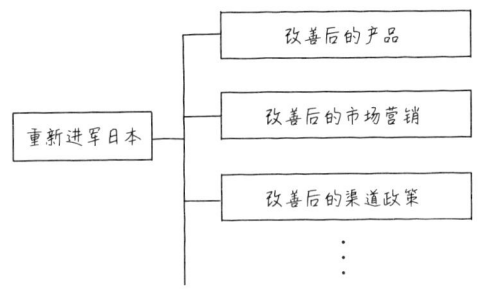

图3-12　中国企业重新进军日本①

但失败的真正原因可能在于日本市场结构带来的困难，因此即使找到这些失败的原因仍然没有胜算。这时，他拓宽视野，将眼光放到东南亚，于是在计划难以进行的时候，他想出了出其不意的战略方案。

这种做法准确把握了事业发展领域，将进军日本市场的经验灵活应用到东南亚市场，并最终找到突破口。在这一过程中，他没有只局限于在日本市场的盈利或亏损，而是扩大视野，把日本和东南亚结合起来考察（图3-13）。实际上，有几家外资企业也确实有相同的眼光，不过具体实施的话还需从长计议。

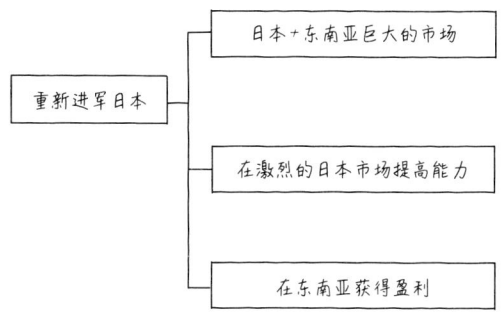

图 3-13　中国企业重新进军日本②

所以,在利用金字塔图考虑事情的时候,一定要扩大视野,放眼更广的领域,才能摆脱目前的框架束缚,这样才最有可能找到解决问题的办法。

二、不要忽视横向因果

虽然金字塔图具有强大的功能,但也有死角。它的死角是横向排列的方框中的因果关系,这一点经常被忽视。

还举刚才的例子。"提高销售额"可以分解为"提高价格"和"增加销量",如果这两个方案都能实行的话当然是最好的。但是,价格和数量基本上是成反比的,如果价格提高,一般情况下销量会降低（图3-14）。

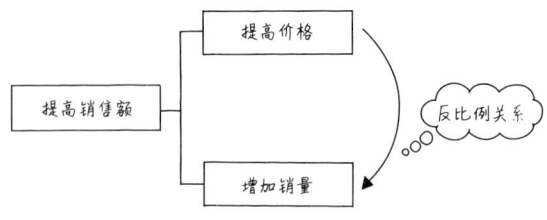

图3-14 注意横向因果关系

所以说，完全按照金字塔图的指示实施很难。实际上很多企业在发布中期经营计划的时候忽视了这种因果关系，自相矛盾的情况层出不穷。

为防止类似的忽视因果关系的问题出现，可以使用第四种图形模板——链形图。关于链形图的特点，我们将在第六章中讨论。

专栏：通过分组提高分析力

分组是提高抽象化能力的一种方法，也有利于提高分析能力。下面是我在从事咨询顾问时经常使用的——帮助我提高分析能力的分组方法。

一、分组后理解整体结构

将横轴设为销售额,纵轴设为利润率,画一张业内各企业的总图,然后进行分组。从这样的图中,能看出大致的行业竞争力(图3-15)。这个图很简单,只看个别企业可能看不出什么,但对于理解行业整体结构还是很有帮助的。

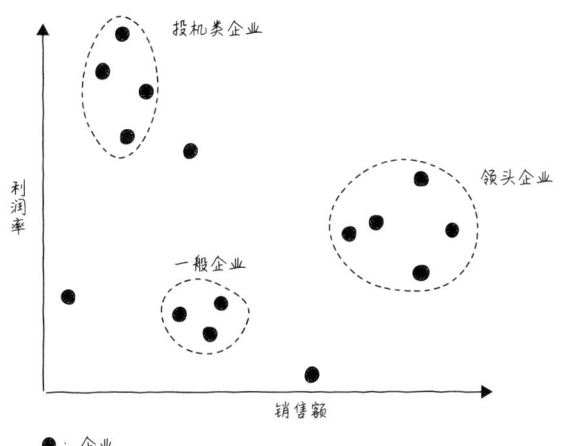

图 3-15　经分组理解整体结构①

此外也可以从其他切入点设定纵轴和横轴,比如业务的"垂直整合程度"和"产品种类的数量"。同样,如果你把企业分组来看，又会浮现出另一个视角下的行业格局。我们有时把分为一组的公司称为"战略集团"（图3-16）。

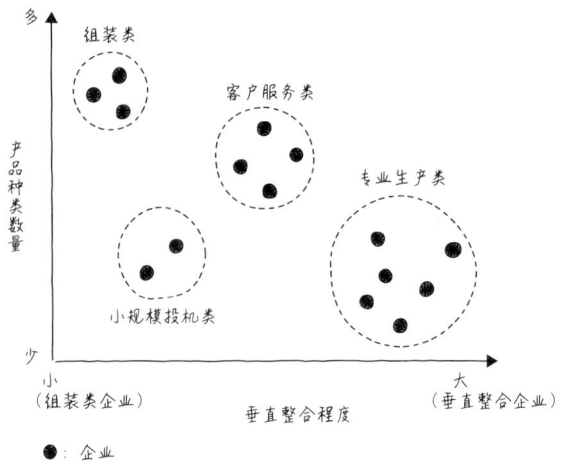

图 3-16　经分组理解整体结构②

二、分组后得到先后顺序

金字塔图在决定优先顺序上的分析中也有帮助。例如，在考虑新业务的优先顺序时，讨论具体启动个别业务中的哪一项。但更重要的是在所有业务领域内进行考虑，其中包括个别业务。因为，当我们在相关业务领域内讨论时,我们既可以明确整个公司的战略方向,又可以考虑业务领域内的协同作用。

这意味着,通过分组,视角从个别业务层面上升到了整体业务层面,从而加深了我们对新业务的认识(图 3-17)。

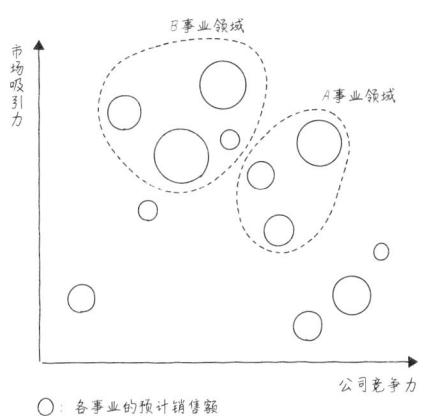

图 3-17　分组得到先后顺序

三、分组后得到新发现

分组之后,你会发现偏差值,对偏差值的关注会让我们获得新发现。例如,在前面的图 3-15 中,我们要关注的是图中用黑点表示的企业。为什么有些企业只有中等的销售额,利润却很高?如果能理解这一点,就可能会得到提高利润率的诀窍。在经营学研究中,我们经常使用统计分析法,以平均数或方差为依据制定方案。但如果想要得到别具一格的经营方案,那么那些"冷门"方案或许更容易成功。有些看似与最终目的相差甚远的方案,反而会带来新的启发。

第四章
常用模板之田字图

田字图是外观像"田"字形状的图,有纵式和横式。也就是说,"田字思考"本身是"二维思考",用最重要的两个要素来剖析复杂现象的本质。这种方法可以帮助加深思考。

第一节

田字图利于加深思考的原因

一、最简单的二维田字图

田字图是一个非常简单的维度框架，有助于认识事物本质，进行思维梳理，它还能帮助我们从中得出解决方案。

当然，在工作和业务以外，田字图也有用处。假设一下，考虑"将来想做什么"。可以考虑的轴是"想做的事""能做的事"之类，把它们横竖组合起来就成了如图4-1所示的田字图。当然最理想的是右上的方格。只是，如果无法实现最理想的目标，就只能从右下角的"现实解"或者左上角"不幸的选择"中选择了，到底应该选择哪一个呢？

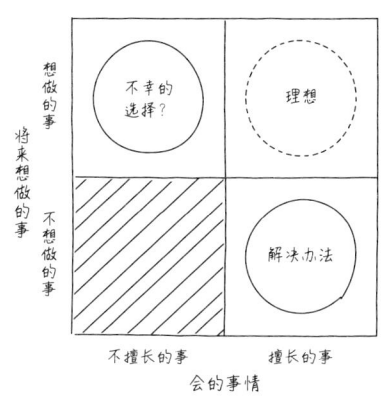

图 4-1　以田字图考虑"将来想做的事"

一些老师认为，很多人会选择左上角的"想做但不擅长的事"，所以会变得不幸福。所以他们主张应该选择"擅长的事"（右下角），而不是选择"想做的事"。

我也很赞同这种看法。只是回顾自己的经验，从长远来看，"不想做的事""不擅长做的事"也是很重要的。接受当下的情况，挑战了"不想做的事""不擅长的事"之后，那么"不想做的事"变成了"想做的事"，"不擅长的事"变成了"擅长的事"，自己的能力范围就扩大了。

我喜欢物理，所以我想成为一名物理学家。但是，研究生毕业的时候，阴差阳错地进入不太了解的商业世界。之后，写的第一本书就是关于"组织"的书。即使在商业中，组织也是飘忽不定、难以捕捉的，当时我对这些并不感兴趣。我此外还去了美国留学。我读书的时候最不擅长的是英语，而现在我至少学会了说英语。

虽然不喜欢，但也要积极地去挑战，这样才能发现自己所拥有的意外能力，或许也能让人生变得更加丰富。

使用二维的田字图可以让人产生各种想法。即便是图4-1这样简单的田字图，也可以用来考虑自己的未来和人生。

另外，在选择社团活动、选择男女朋友（图4-2）的时候也可以用田字图。不过，选择男女朋友这个问题从理论上可行，但实际情况如何就需要大家自己验证了。

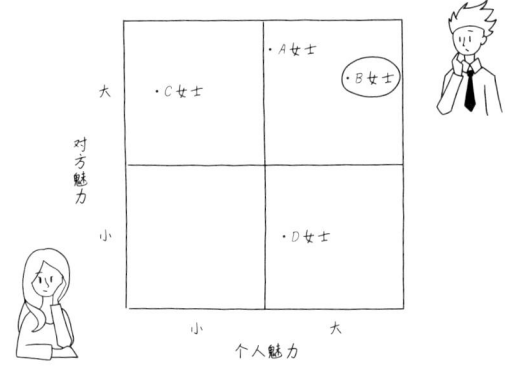

图 4-2　以田字图选择女朋友①

二、朴素却丰富的田字图

田字图的实用性还有另一个体现。它虽朴素,却能包含很多要素,可以变成一张十分丰富的图。比如:

・在纵轴和横轴上自由结合具有不同性质的两个元素;

・其次,可以把东西分成四部分;

・甚至可以在这四个方格中添加标题,对事物进行分类;

・可以通过给任何一个网格着色进行强调;

・加上箭头,还可以表现动向;

・就像刚才"选择女朋友"的例子一样,还可以讨论优先顺序。

最后再补充一点,你可以绘制一条等高线来平衡两个元素。如图所示,B女士是对方魅力值与个人魅力值都较高的人,所以是最合适的人选(图4-3)。

朴素却丰富,就是田字图最大的魅力。

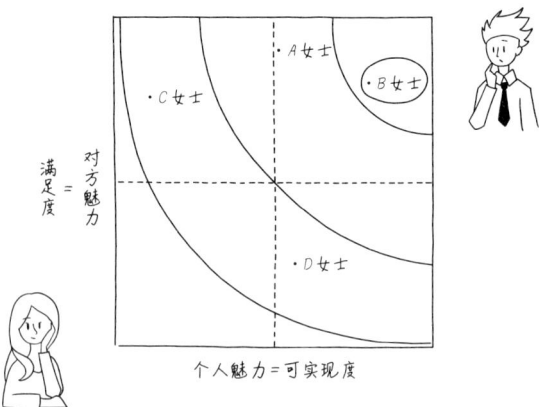

图 4-3 以田字图选择女朋友②

第二节

田字图在整理和解决问题方面的应用

一、设定纵轴和横轴

使用田字图时,最重要的是设定"轴"。

立刻建立一个适合的轴并不容易,只能在多次尝试中,寻找合适的轴,而选择轴的过程本身也有助于加深思考。

下面以企业寻找商业机会为例进行讨论。

我多年来一直作为咨询顾问参与管理。根据我的经验,企业应该发展事业的领域除了"本公司优势"和"市场吸引力"以外,没有其他的领域。用田字图来表示的话,就是右上角的方格(图4-4),这个图和"将来想做什么"以及"如何选择女朋友"一样。

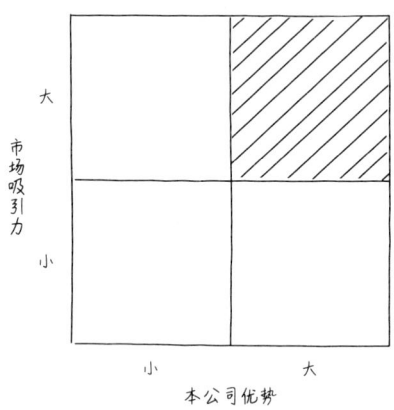

图 4-4　以田字图寻找商机①

接下来开始变难，难的是用什么来定义轴。评价"公司优势"的指标用什么？定义"市场吸引力"的要素用什么？轴的定义在很大程度上决定了战略规划的质量（图 4-5）。因此，选择纵向和横向定义是咨询工作的一大乐趣，我的思考过程也是既痛苦又享受的。

当然，没头没脑的胡乱试验是低效的。在头脑的抽屉里放入几个"切口"，可以提高轴要素选择的精度。因此，我会介绍一些我经常意识到的切入点。

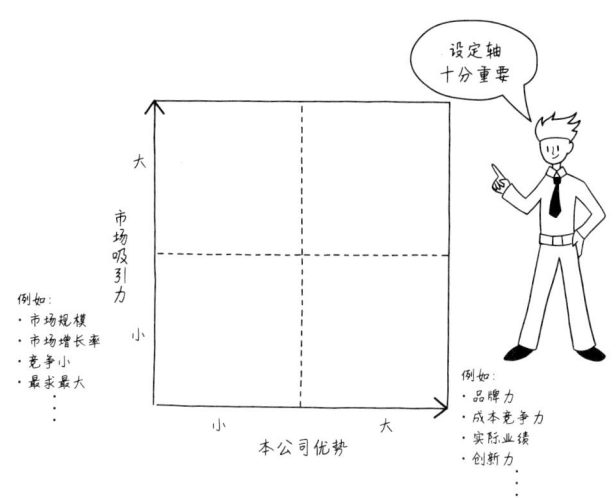

图 4-5 以田字图寻找商机②

二、如何找到轴

①两个对立的因素

第一,找到两个对立的因素。

例如,为了提高学习能力而设置的学习的"量 × 质",或者,在求职中为了获得职位而设置的"应试公司数 × 通过率"。这个"量与质"和"绝对值与比率",虽然不严谨,但也构成了两个相反的视角。

相反的两个项目也可以"相乘"。提高学习能力的"量

×质",既是学习能力本身,也与偏差值有关。求职时的"应试公司数 × 通过率"就等于获得职位的数值。

反过来说,"乘法"的两个要素是什么?这样想,也是设定轴的一个视角。

以学习的"量 × 质"为例,也可以给四个方格起名字。右上是"人才型",左上是"聪明型",右下是努力无果的"遗憾型",左下是"懒惰型"。左上角的"聪明型"则是轻松取得佳绩的最好位置(图4-6)。

刚才提到的"本公司优势 × 市场吸引力"(图4-4),也是"内"和"外"相对立的因素。

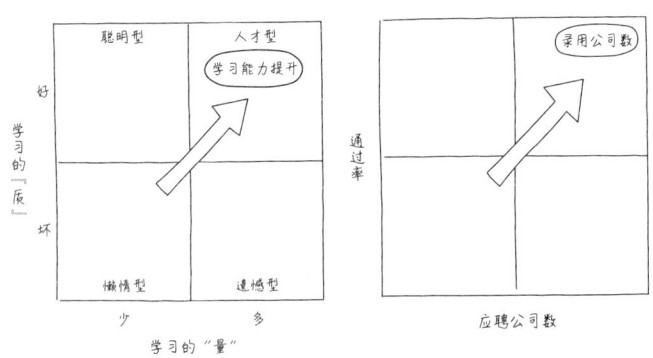

图 4-6 将对立的两项作为纵轴和横轴

②分解要素

第二，要将要素分解为两个属性。

虽然和刚才对立的两个因素有重叠的部分，但是把对象分解成两个要素也十分实用。设计 × 功能性、手感 × 保暖、外观 × 味道、画质 × 大小、温柔 × 经济实力、时间 × 空间、事前 × 事后、整体 × 部分……你可以自由拓展你的想法。

如果你可以用两个重要的属性来分解对象，你的田字图就会变成一个完整的枚举分析图，进而从二维的元素分解图中获得重要启示。

例如，在考虑零售店的"备货"上，大家在什么时候会感叹商品种类多呢？实际上，商品种类可以分为两个要素来考虑。第一，类别数量的多少，也就是类别的广度，例如牙刷、灯泡、笔记本、铅笔、点心、便当……二是各类别内的深度，也就是同一类别中商品种类的丰富程度，例如你有多少不同制造商的牙刷和有特点的牙刷（图4-7）。

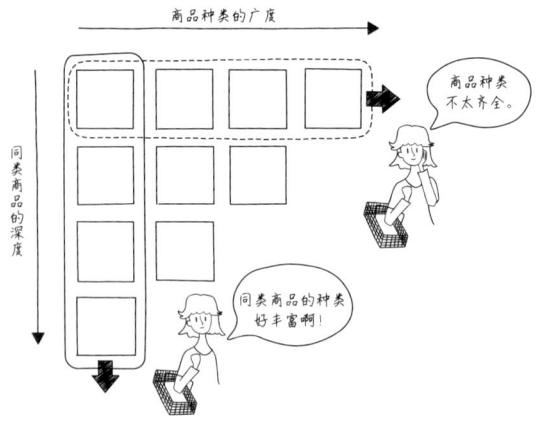

图 4-7　将要素的两个属性设为纵轴和横轴

"广度"较大的是便利店,"深度"较大的是成城石井、纪之国屋等高端商场。我觉得高端商场备货齐全,能让人逛得开心,这就是"深度"的力量。

如果大家开店的话,会选择卖什么商品呢?在这种情况下,"商品种类的广度 × 同类商品的深度"这样的要素分解,可以带给我们有关备货策略的启示。

③原因和结果

第三,分析原因和结果。

如果横轴取"努力程度",纵轴取"成功",那就是原因和结果的关系。工作的努力程度和成功大体上是成正比的，所以大部分人会处于右上角和左下角的区域。

如果不幸的是自己处于右下角，也就是努力却得不到回报的方格里，想要获得成功应该怎么做呢？应该在踏实工作的基础上，同处于右上角的人之间进行差异分析，把左上角的人作为自己的奋斗目标（图4-8）。

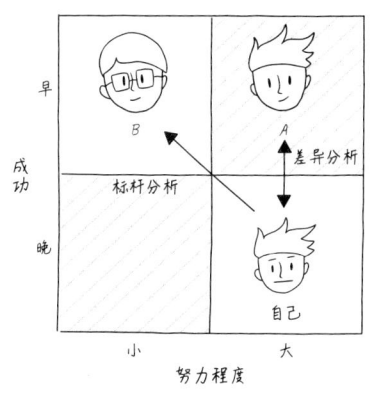

图 4-8 把原因和结果设为纵轴和横轴

第三节

田字图的应用事例

一、【日常生活篇】如何提高孩子的学习能力

下面,我来介绍一下使用田字图解决日常生活问题的事例。

假设读者你正在为孩子成绩不好而烦恼。

晚饭后孩子睡着了,夫妻召开紧急会议。"电视看得太多了""丈夫不督促孩子学习""光玩手机""应该请家教吗""没有上进心,精力不集中""一开始学习就睡着了"等等争论百出,父母越来越焦虑,毫无解决的头绪。你有过这样的经历吗?

此时,我们要考虑如何设定纵轴和横轴。

如果仔细回顾这样的争论，就会发现有两种意见，一种是关于学习时间少的意见，如"电视看多了""丈夫不让孩子学习""光玩手机"等，另一种是关于学习质量的意见，如"请家教""精力不集中"等。

这样的话，就可以用刚才的量和质，也就是学习时间和效率（做法、集中度等）两个对立因素来进行整理了，于是我们得到了一个田字图。

如何提高成绩？我们将在田字图上展开讨论。

可以看到，从当前状态到理想状态有三条路（图4-9）。

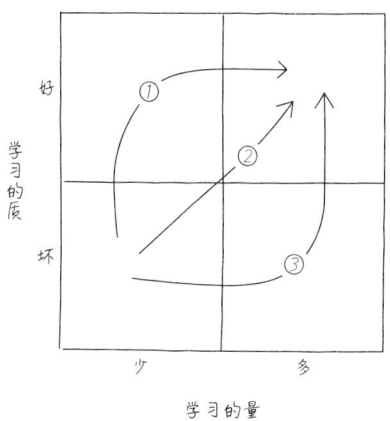

图 4-9　使用田字图分析如何提高孩子的学习能力

第一个办法即路线①是"从质量开始提高",可是孩子的理解力差,所以马上意识到以提高质量的道路是行不通的。下面的路线②是"质与量同时提高"。这很大程度上取决于本人的意志,难度会进一步提高。如果本人没有学习的劲头和意志,即使你命令他"不要看电视""不要玩手机""快去学习",他也不会照做。把不渴的马带到饮水站,它还是不喝。命令是没用的,只会适得其反。这种时候,带孩子去看看目标学校,来一次实地体验。通过让他参加模拟考试,达到录取分数线来给他良好的刺激。

最后就剩下第三个办法路线③了。路线③是"先增加量后提高质"。虽然效率很低,但似乎别无他法。把孩子送到能管理自习时间的补习班可能比夫妻二人在家自己讨论更省事。在那样的补习班里,强制增量,最终实现质的提高。我发现这是一个比较现实的解决方案,毕竟量变最终很可能引发质变。

二、【商业篇①】重振制造业的方法

下面以日本制造业为例。

自泡沫经济崩溃以来，日本制造业长期陷入困境。为了打破这一局面，许多企业正在谋求从单纯的"卖东西"向"服务业"转变，即从"物"到"事"的跨越。

然而，从"卖东西"向"服务业"的转型并不是现在才开始的。例如，著名的IBM（国际商业机器公司），在20世纪90年代临危受命，实现了从卖东西到服务业的转型，走出了困境。还有，复印机厂商在很早的时候就实现了靠墨水和墨盒赚钱的服务模式，而不是单纯靠卖打印机赚钱。

再往前追溯，吉列的剃须刀也是如此。不是靠本体（机器本身）赚钱，而是靠耗材（刀片）赚钱。不在卖本体的时候赚钱，而是在后面卖耗材的时候赚钱。

从这一点来看，日本的制造业、IBM、打印机和剃须刀都是相同的类型和逻辑（图4-10）。

所以轴可以设为本体还是耗材，现在还是未来。这样，企业面临的问题就十分清晰了。

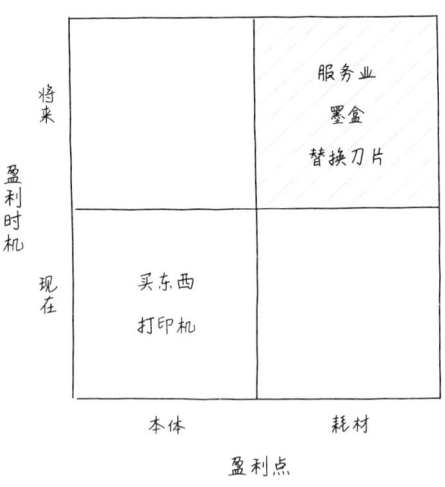

图4-10 使用田字图寻找商机

1.如何定义"本体"?

这个本体不一定是实体产品的一部分,也可以把某种连接顾客的机制和服务定义为本体。例如,亚马逊的超级会员机制和系统供应商在引入IT时的管理咨询都是很好的本体。如果你牢牢抓住这一点,就能赚得盆满钵满。

2.如何保护"耗材"?

要防止第三方产品,提高顾客的忠诚度也是一个问题。例如,日本企业小松公司很好地利用了"KOTRAX",即在建筑机械上安装多个传感器进行实时监控。在实际发生故障之前就察觉到故障的可能性并向客户提出建议,成功排除了被第三方产品替代的危机。此外,他们还开始利用传感器提供的数据为客户提供新的价值,如建筑机械的高效使用方法等。

3. 如何设计收益?

何时赚钱?从哪儿赚钱?如何赚钱?讨论这些问题时,必定要谈到"利益方程式"。将当下的本体通过免费的形式提供给优质客户,这种案例成为商业模式中常见的一种。

以"本体—耗材""现在—将来"为轴的田字图(图4-10)的形状是通用的,能够让思考更加清晰,也更能从其他地方得到启发。

此外,盯着图左上角的空白方格可能会发现新的机会。如何利用本体反复多次赚钱,而不是"一锤子"买卖?在思考这个问题的过程中,又会涌现出新的想法,于是建立了在本体上持续赚钱的机制。

就拿昂贵且使用周期长的燃气机车来说,使用年头太久,终究摆脱不了被淘汰的命运。因此,对于技术革新较快的零部件,不妨采用最新的技术,使其成为可随时更换的产品设计。通过更换零部件，保证燃气机车一直处于先进水平。机器这样改良后，将来也能在机器这个本体上继续获得收益。

从根本上来说这种想法，对产品的理解与以往大不相同。因为产生价值的"单位"不再是"产品"，而是"零部件"。这种独特的想法也是从对"空白"进行强制性思考中产生的。

三、【商务篇②】彻底改变我职业生涯的 PPM 田字图

PPM 是产品组合管理（Product Portfolio Management）的缩写，它是一个非常丰富而强大的、能容纳重要内容的图表。这个框架帮助我们讨论管理上的重要问题，如从哪些业务中产生利润，开拓哪些新业务等等。

相信现在很多人都知道 PPM 了。但在 30 年前，这是一个非常新颖的全公司战略思维。PPM 实际上在图中嵌入了三个变量。其中两个变量是横轴和纵轴。横轴是相对市场份额，纵轴是市场增长率。这两个轴是评价业务质量的不同因素。它被分成四个方格，每一个方格都有一个名字（图 4-11）。第三个变量是图中所写的○（图 4-12）。○的大小表示销售额的多少。从这些关系中可以找出战略意义。

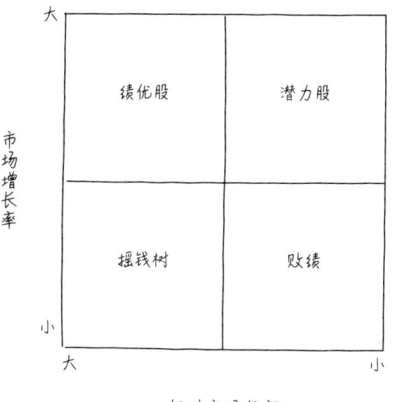

图 4-11　PPM ①

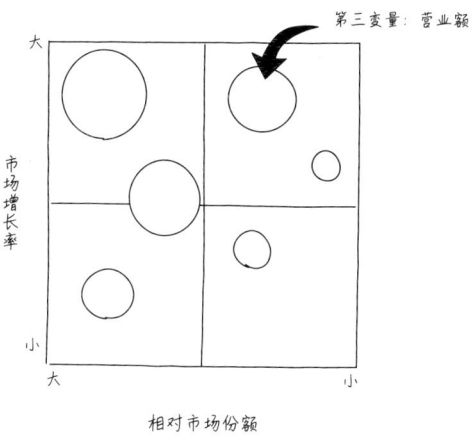

图 4-12　PPM ②

常用模板之田字图

PPM 的逻辑是这样的。处于"绩优股"的事业,市场占有率高,市场成熟后会产生收益。把赚得的利益投入"潜力股"的事业中,努力把它也培养成涨势好的"绩优股",虽然现在它处于起步阶段,但是市场不断发展,它的前景也不容小觑。一旦成为潜力股,当市场成熟时,其业务就会成为你的"摇钱树",从中赚取的利润再反过来对其他潜力股进行培养。这样的"循环战略论"(图 4-13)就是 PPM 图。这张图的丰富,令人感叹。

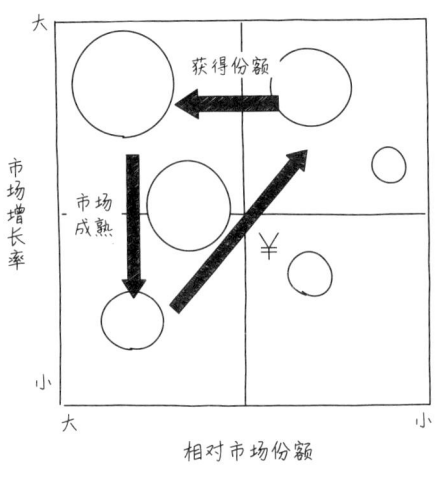

图 4-13　PPM ③

第四节

利用田字图扩大构思

田字图的本质在于维度思考。因此，无论"田"字的形状如何，都可以灵活地构思。作为应用技巧，我想介绍两种："3×3矩阵"和"辅助线创新"。

一、从"2×2"扩大到"3×3"

田字图是一个2×2的矩阵，但你也可以把它扩展到3×3（图4-14）。

如果是3×3，则得到9个方格，现在可以在这张图中进行分组了。这里增加了分区，能够更精确地考虑优先级。同时还增加了设计的自由度（图4-15）。当然，4×4或3×4

也可以使用。

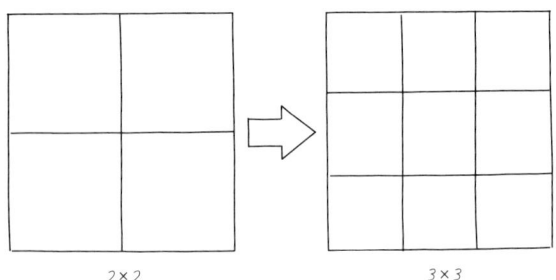

图 4-14　2×2 田字图扩展成 3×3 田字图

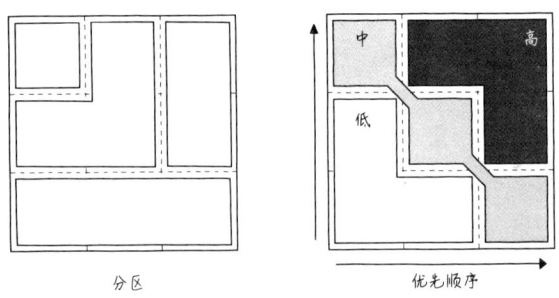

图 4-15　灵活改变 3×3 田字图

如第一章所述，纵横矩阵也适合作为头脑风暴的基础，用以产生新的想法（图 4-16），这就是熊彼特的"重组"理论。我们当时做咨询顾问时，因为每个方格一定要提出一个以上的想法，所以大家都绞尽脑汁地想各种方案。

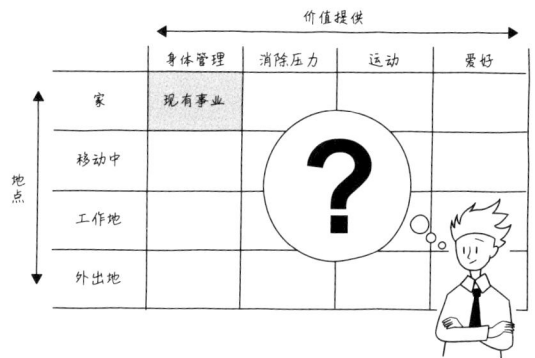

图 4-16　从纵横矩阵图中寻找方案

二、东南亚市场进入战略

我们来谈谈某位硕士生的毕业论文，他就利用了"3×3"以上的矩阵。

那篇论文的主题是制定自己公司进军东南亚市场的计划。该公司拥有多条生产线，打算进入整个东南亚地区的市场。

这位学生提出的第一个假设是，根据每个国家的市场大小和公司产品的优势来确定市场的优先级，并按顺序攻克（图4-17）。确实，这符合"优势 × 吸引力"的想法，理论上没问题。

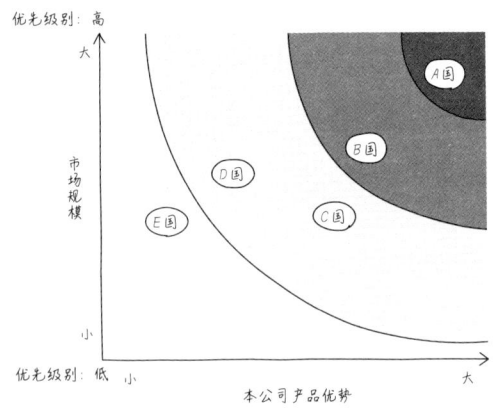

图 4-17　东南亚市场进入战略①

但是,对方是市场增长和进化速度较快的东南亚国家,考虑到这一点,等到进入优先级低的 D 国或 E 国的时候,可能为时已晚,失去了最好的进入时机。因此,基于现有的多条生产线,我画了一个矩阵,分别把生产线和东南亚国家作为纵轴和横轴。

由此可见,不仅要在国家中考虑顺序,还要在产品中考虑顺序(图 4-18)。原来的计划是从左到右(图 4-19),但是以产品为切入点,我们还发现了从上到下的这个方案(图 4-20)。

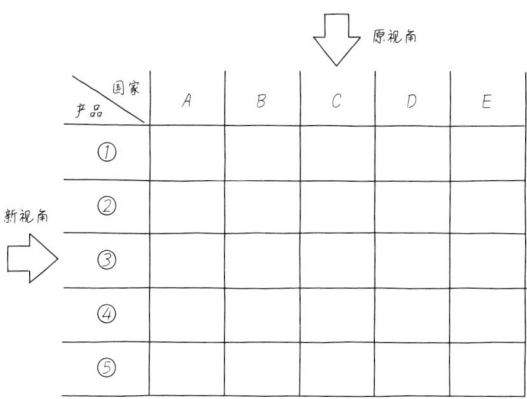

图 4-18 东南亚市场进入战略②

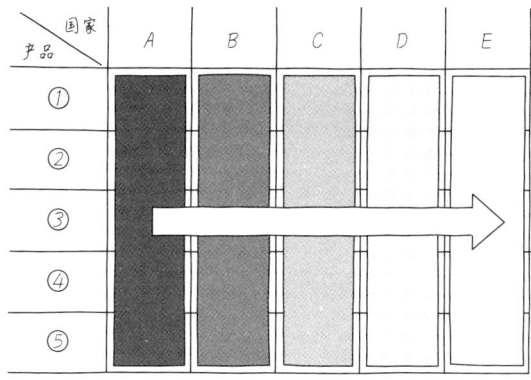

图 4-19 东南亚市场进入战略③

常用模板之田字图

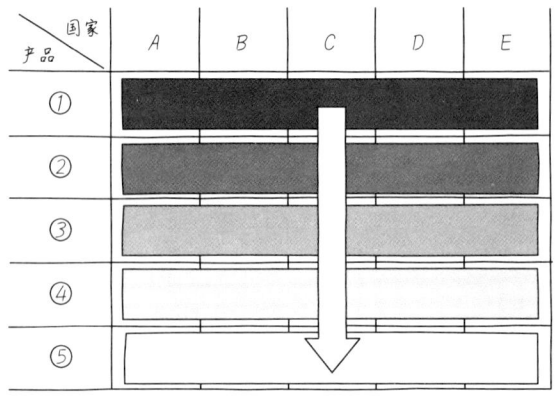

图 4-20　东南亚市场进入战略④

如果是 3×3 或更大的矩阵，也可以进行分组和分区。这样的话，稍微复杂一点的市场进入模式也逐渐被挖掘出来。这位学生最终决定将以下的市场进入模式作为硕士论文结论，并向公司提出建议。

首先，高竞争力产品①同时进入 A、B 和 C 国家；接下来，让该国家具有竞争力的产品③更快地进入 D 和 E 国家；然后，计划在每个国家依次引入其他产品（图 4-21）。

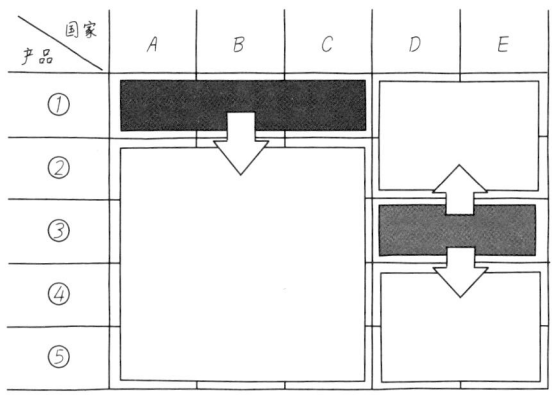

图 4-21　东南亚市场进入战略⑤

这样一来,进入任何国家的时机都恰好合适。还可以在 D 国和 E 国利用在 A、B 和 C 国销售产品①的经验,反之亦然。当然,在进入不同市场的时候,需要讨论经营资源和管理能力,但至少协同效应也是确有其效的。

在这个案例中,我们没有被"国家"这个以往的视觉所束缚,而是开辟了一个新视角——产品,从而获得新的灵感和方法,使最终的解决方案更灵活。

其他各种各样的市场进入模式也能得到进一步的探讨,如图 4-22 所示。基于产品①早期阶段的小成功、产品②构筑业务基础等现状,之后根据优先级在每个国家不断扩大业务,也是一项创新的混合战略。

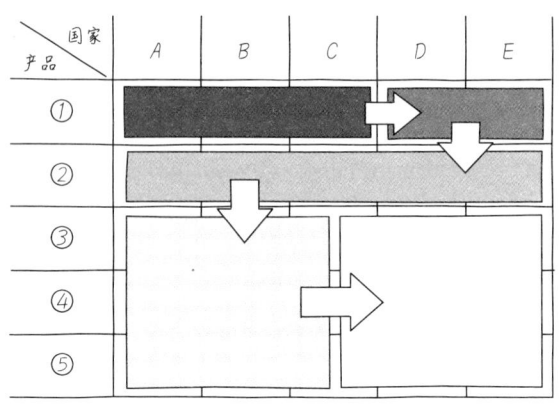

图 4-22　东南亚市场进入战略⑥

三、利用辅助线,构思新方案

下面是来自某咨询项目的经验,是通过在田字上画"辅助线"来解决问题的事例。

在那个项目中,我们分析了客户公司 A 的新业务。我们试图通过各种因素寻找新的业务机会,包括市场的大小(吸引力的大小)和技术的难度(附加值的大小)(图 4-23),但进展并不顺利。

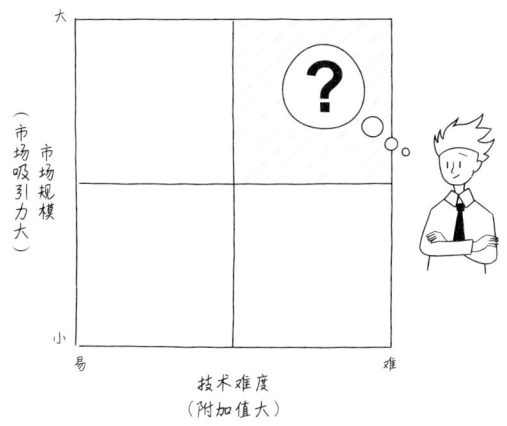

图 4-23 探索新业务①

当我在纸上写写画画的时候，我随便画了一条斜线，突然有了灵感，发现了新的机会！

一般情况下，如图 4-23 所示的田字图右上角，是一个十分具有潜力、优先级较高的地方。无意中，我试图在右上角的区域中找到一个有吸引力的业务。不过，不知什么原因，那个业务不太理想，然而，我却在不经意画出的斜线附近找到了机会。

画完斜线后，我对纵轴和横轴也做了进一步的思考。最后将客户的关注点作为横轴，纵轴则是客户关注点与客户其他任务之间的关联度。

对A公司及外部企业来说,右上角没有商业机会。而左下角对顾客来说并不重要,即使实施起来也赚不到多少钱。也就是说,线的附近才是目标(图4-24)。

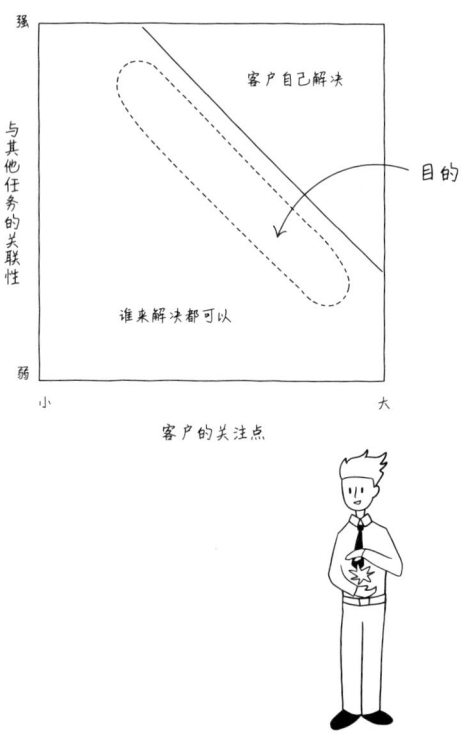

图4-24 探索新业务②

随着技术的发展和环境的变化,斜线有时会从左下角移动到右上角,那里可能会产生新的机会,如图4-25所示。客户公司 A 从事制造机械零件的 B2B 业务,不容易理解,所以接下来用日常生活中比较熟悉的茶和便当来进行说明。

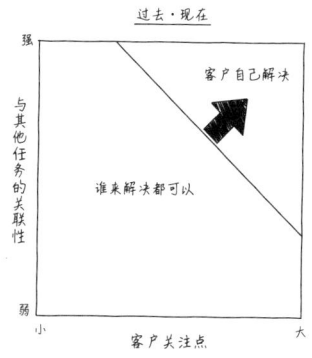

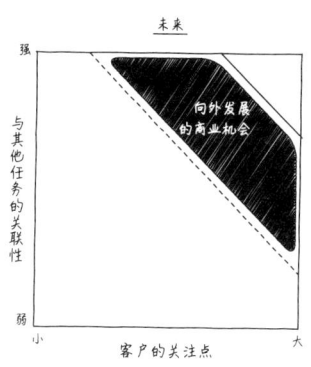

图 4-25 探索新业务③

以前,自己泡茶喝是理所当然的,便当的配菜由妈妈亲手做也是理所当然。但是,随着时代的发展,女性进入社会的步伐越来越快,做家务的时间就越来越少。另一方面,随着技术的发展,瓶装茶变得更好喝,冷冻食品的味道也提高了,于是购买这些商品的人越来越多。

另外,如果食用买来的茶和便当,泡茶和准备便当这两项家务就与其他家务变得不再相关,也就是说,与其他工作的关联性降低低。就这样,瓶装茶和冷冻食品的利用率越来越高,市场越来越广,种类也越来越丰富。这变成了一个很有吸引力的商业机会。

用语言来说很难理解,但是做成图4-26的话就可以简单地表达出来。瓶装茶和冷冻食品成为巨大的商业机会,右上角区域的焦点转移到"举行美味的香草茶会""优化便当外观"等高附加值的工作上。

让我们回到项目的例子上。与客户公司的讨论也是在如图所示的图表上进行的,我们发现了一些有潜力的新业务,成功地完成了这次咨询。

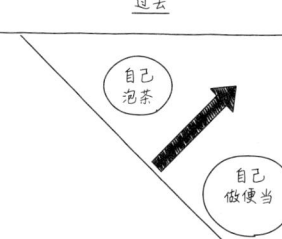
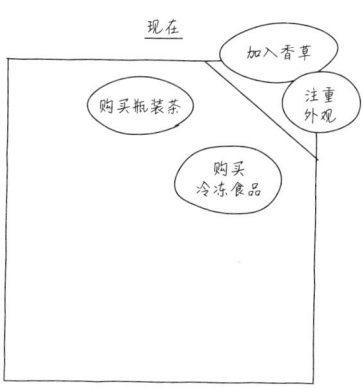

图 4-26 探索新业务④

第五节

田字图与金字塔图原理相同

一、逻辑结构的同质性

我想在这里讲一个接近图形化思考的最典型的故事。那就是,在各种形状的图的深处,其实隐藏着本质相同的逻辑。

反过来说,为了弄清潜藏在深处的逻辑,我们要用各种各样的图来思考,因为只有借助各种各样的图,潜藏在深处的逻辑才会被揭示出来。

也许理解起来不容易,那么我们以田字图和金字塔图为例来解释。其实田字图和金字塔图是同一个逻辑结构,金字塔图可以用田字图来表达,反之田字图也可以用金字塔图来表达。

例如，假设你在划分市场时画了一个田字图（图4-27），如图所示，切入点是性别和年龄，这个田字图也可以用图4-28那样的金字塔图来表达！当然，性别和年龄的顺序可以改变。

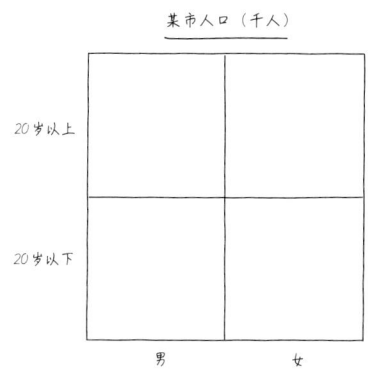

图 4-27　田字图

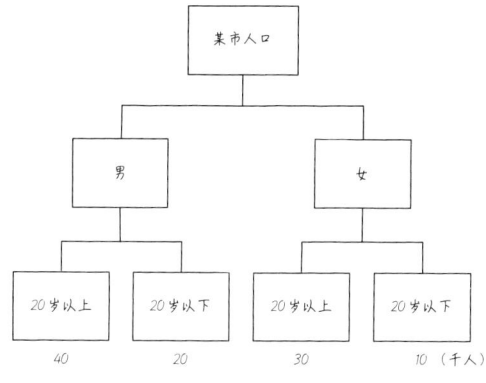

图 4-28　金字塔图

在这里,假设男性不是按年龄来分,而是按已婚、未婚来分。图 4-29 上面的金字塔图就变成了下面的田字图,两图可互换。

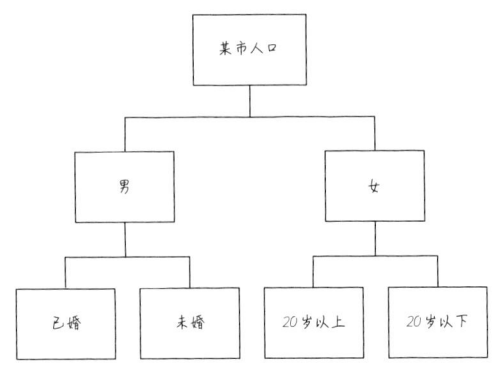

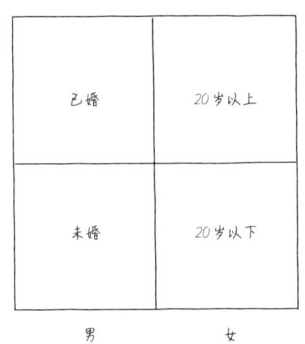

图 4-29　田字图与金字塔图

但我想也有人看这个田字图不太顺眼，事实上，这是一种非常正常的情况。因为区分男性的切入点和区分女性的切入点不一样，相提并论的话在逻辑上却有些偏差。从这个意义上来说，其实已婚、未婚可以纵向排列。

在这里再导入一种"面积图"吧，它是田字图的应用。它使用面积来表示某事物（例如人口和销售额）的整体情况。回到最初的"性别、年龄"田字图（图4-27），如果知道具体人口和性别的话，也可以画出图4-30那样的面积图。

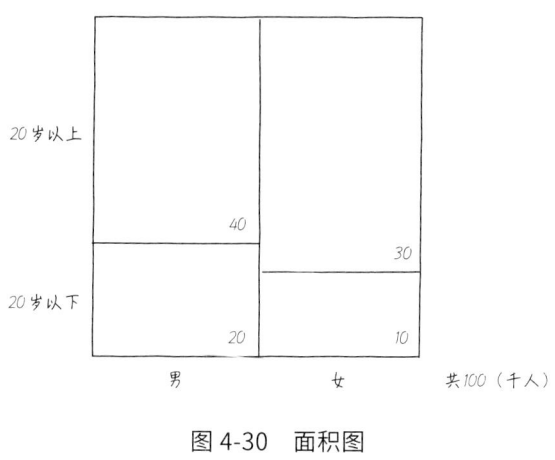

图 4-30　面积图

田字图、金字塔图以及面积图是同一逻辑结构的不同表达。能够自由地使用各种各样的图，意味着能够运用各种各样的"武器"接近本质。

二、多层田字图与金字塔图

再结合田字图深入探讨逻辑结构。

把田字图进行再次分解，请看图4-31。

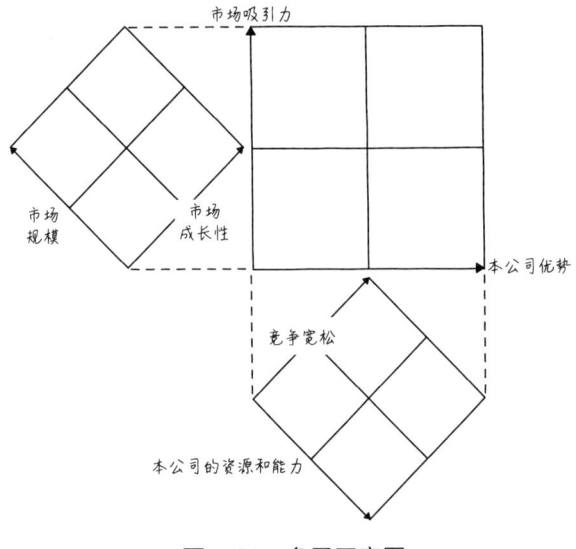

图 4-31　多层田字图

大田字的纵轴是"市场吸引力"，它可以用小田字的"市场规模"和"市场成长性"来定义（注意箭头的方向）。最有吸引力的是规模和成长性都有很大的面积。横向轴是本公司的优势，道理是一样的。

那么如果把它做成金字塔会怎么样呢？请参见图4-32。原来，田字图和金字塔图有着相同的逻辑结构。

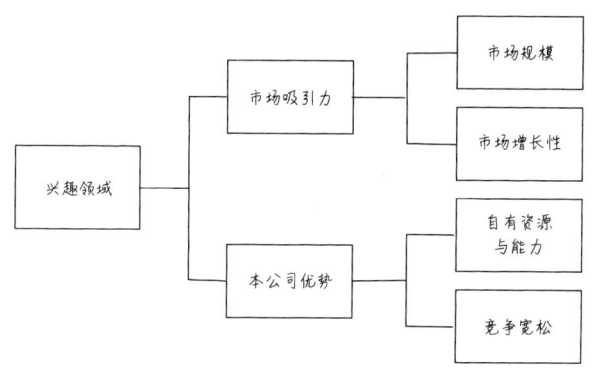

图4-32　用金字塔图分析相同的事情

在此我们不继续细究了，但也可以像俄罗斯套娃一样，不断地分解成小田字。这样逻辑结构就会越来越深入，即金字塔的层次越来越多。

其实，这个"市场吸引力 × 本公司优势"的金字塔和刚才的"性别、年龄"金字塔之间是有很大差异的。那就是，性别、年龄的金字塔是"加法"逻辑，而这次的金字塔是"乘法"逻辑。可能因为要素性质不同，所以很难适应"加法"的逻辑。

我在企业培训中经常担任"逻辑思维"讲座的老师，可以发现被"加法"逻辑束缚的学生很多。大概是因为"加法"简单易懂吧。但是，遗漏了"乘法"的逻辑，想法就失去了一半的新意，实在可惜，所以请大家一定不要忘记这一点。

> **专栏：PPM 现在还有效吗？**
>
> 在本文中，我描述了改变我职业生涯的 PPM。这个五年之前就存在的概念现在还有用吗？
>
> 当然，它存在着很多问题。第一个是"轴的定义"。在 PPM 中，横轴是相对市场份额，纵轴是市场增长率。这个轴之所以有效，是因为过去世界处于高速增长期。在高增长时期，增长的市场具有吸引力，高市场份额意味着高成本竞争力，其业务通常是强大的。也就是说，纵轴是"对方的吸引力"，横轴是"自己的强项"。
>
> 然而，现在许多发达国家的市场已经成熟。市场的增长率不再直接意味着市场的吸引力。此外，仅凭

市场份额无法说明公司的优势。换句话说，如果你想利用PPM的概念，你必须重新考虑你应该采用什么要素作为纵轴和横轴。

并且，PPM忽略了一个要点：内部的资源和能力。

让我们来考虑一个简单的例子，为了提高英语分数应该做些什么，比如现在单词储备足够，填空题能做，但你不会写英语作文。

突然拼命练习英语作文也可以，但是光靠单词储备是不行的，还需要理解文章的能力。如果这样，就不应该直接进行英语作文的练习，而应该先进行长句阅读的练习。通过长篇阅读来锻炼文章理解能力，之后再挑战英语作文，这样效率更高。把它做成图的话，就是图4-33。也就是说，必须考虑的点在于"现在有什么样的能力"（单词能力、阅读能力、写作能力）"应该怎样活用协同效应""应该做什么"（长文阅读、填空题、作文）等等。

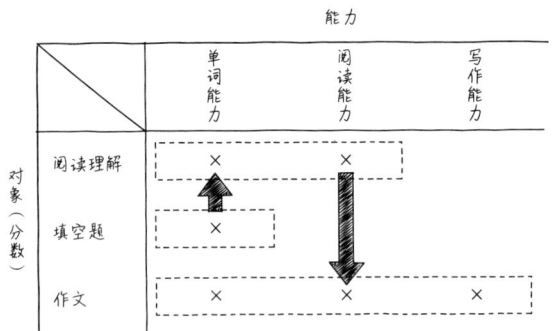

图 4-33 使用 PPM 分析英语学习方法

这是管理战略理论中的资源产品矩阵（RPM）概念。它着眼于企业拥有的资源和能力，进而考虑发展什么样的事业和产品。事实上，PPM 关注的是"外部"，如市场和份额，但没有明确处理"内部"，即自己拥有的资源和能力。

因此，我们面临着几个重大挑战。但我相信，我们的基本观点，即"我们是否能够发挥自身优势"和"市场是否有吸引力"永远不会过时。

第五章
常用模板之箭形图

本章介绍的箭形图和下一章介绍的链形图与前两种类型不同，是表示运动关系的图。箭形图不仅能捕捉事件之间的关系，还能捕捉事件之间的连续性，它有着整理流程和促进变化的功能。

第一节

整个世界就是一个输入—输出系统的集合

一、着眼于动态的箭形图

世界上几乎所有东西都具有输入内容、输出内容的系统特征。生物、企业、家庭、地球,都一定会有投入、有产出。世界上存在各种各样的运动,这些都是动态的存在。

因此,动态的视角是必不可少的。第三章和第四章所说的金字塔图和田字图,总的来说是静态的。不过,如果以时间作为横轴的话,也可以说它们是动态的,但并不直接处理事物和信息的运动。

于是箭形图登场了。箭形图是捕捉运动的最佳选择。

我最近开始打高尔夫球,高尔夫球的挥杆也是用箭形图捕捉的。首先要输入相关情况,包括目标和周围环境,然后摆姿势、调整位置、挥杆、击球、找球,接着,产生了球向右或向左弯曲飞走的输出(图 5-1)。这个箭形图的某个地方(或全部)也有不足。如果能沿着箭形图发现问题并及时改正,球就会一直飞下去,最终总会成功入洞。

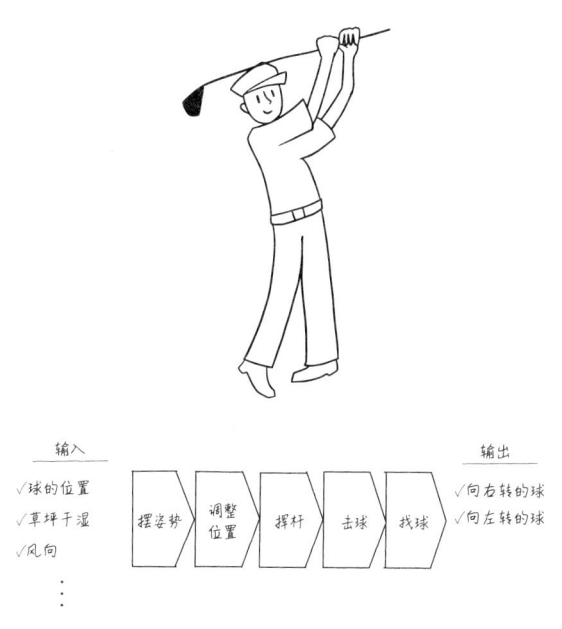

图 5-1 使用箭形图表示高尔夫挥杆流程

像这样与运动相关的问题,很难用田字图和金字塔图来描述,这时就轮到箭形图发挥威力了。

二、箭形图带来的"剧变"

当箭形图的"结构"发生巨大变动时,戏剧性的变化就会出现。

以制作某种产品的过程为例,这种产品可以是手表或枪。

假设有一个由 100 个零件组成的产品。以前,它是由手艺人一个零件一个零件亲手组装的,如果在组装到第 90 个零件的时候遇到了阻碍,那么就可能出现功亏一篑的情况,需要从头再来。这是一个非常低效的过程。

假设我们将 100 个零件分成 5 个模块,每个模块由 20 个零件组成。然后将这 5 个模块组合在一起,就完成了最终产品。在这种情况下,即使中间有干扰,也不必从头开始。可以制作模块,也可以进行分工(图 5-2)。这就是 20 世纪初发生的大规模生产的工业化革命。

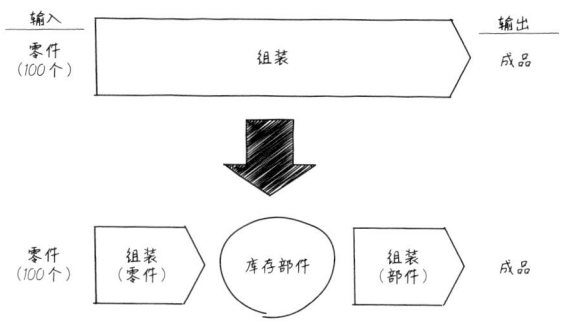

图 5-2　以箭形图理解工业化革命①

之后，世界发生了更大的变化。很多人开始想要不同的商品，不是同一个商品，而是符合各自需求的不同商品。最近，3D 打印机也逐渐投入实际使用。

因此，图 5-2 中的箭形图将再次发生重大变化。零部件不见了，输入是原材料"墨水"。箭形图所包含的内容只剩"打印"了（图 5-3）。这将对社会产生巨大的影响。产品将不再由工厂制造，而是在家里打印。物流也发生了很大的变化，零部件和产品的仓储也不需要了。虽然这是现在幻想的，但也有可能发生在未来不久的社会。比如在大城市附近建立一个原材料墨水库，然后通过输送管道输送到每个家庭。

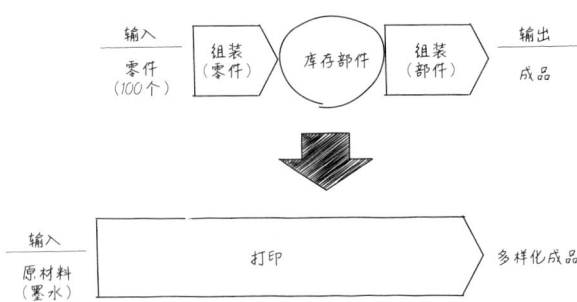

图 5-3 使用箭形图理解工业化革命②

第二节

怎样观察和使用箭形图

一、观察箭形图的三个角度

众所周知,箭形图很适合描述运动状态,"摆弄"箭头可以加深理解、解决问题,进而产生新的东西。

在这种情况下,有以下三个有效角度可以利用:

- Fix(修复其中一个箭头)
- Balance(调整箭头之间的距离)
- Re-organize(重建,如合并、删除和翻转箭头)

当然,如果能重组的话,其作用最大。最近,让我深以为然的一个案例是亚马逊的仓储工作。在亚马逊公司,入库的商品不会按类别分开保管,据说是零零散散的,漫画书的旁边有商务书。虽然看上去很难快速找到目标商品，但是保管场所和商品都是用条形码管理的，所以实际上查找很容易就能找到。

仔细想想，这样是非常合理的。顾客的订单总会各不相同。如果场所和商品通过信息相连，那么整理、保管就没有意义了。

亚马逊"删除"了分拣这项工作，从而提高了效率（图5-4）。更确切地说是把真实的商品和虚拟的信息这两个过程分开再重组的过程。

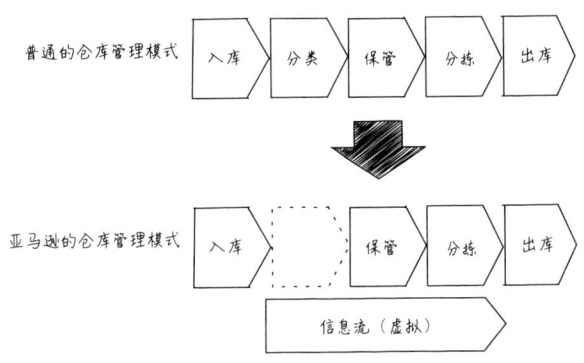

图 5-4　使用箭形图分析亚马逊仓库管理模式

二、肯尼亚的家庭零售店

再来介绍一个案例，它通过使用箭形图来介绍结构变化，方便加深理解。我们研究生班上有一个在肯尼亚出生的同学，我从他那里听到一个有趣的故事。在亚马逊等电商高速发展的大背景下，肯尼亚地方上小零售店的业绩也在增长。我瞬间觉得不可思议，满腹怀疑。

因为我觉得，在亚马逊这样的电商进入后，小零售店会被淘汰。我脑海里浮现的是图 5-5 所示的情况。在这张图中，零售店被亚马逊所取代，消失殆尽。

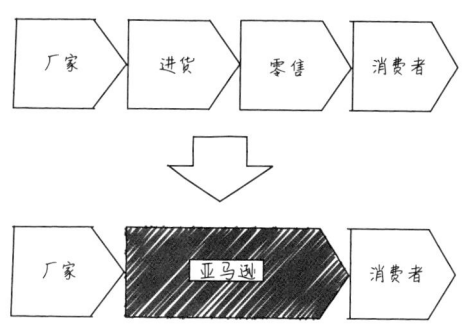

图 5-5 使用箭形图思考物流结构①

但是，听了他的说明，我觉得很有道理。图 5-5 的前提是消费者的网络环境（或者物流）非常完备和发达，但是肯尼亚的乡下网络设施还不完善，消费者直接在网上购买的情况很少。总的来说，零售店从亚马逊的网站进货，在实体店铺里卖给消费者的情况比较多（图5-6）。顺便补充一下，2007年，日本和肯尼亚的互联网普及率分别为90%和18%。我因为只关注日本而陷入了"视野狭窄"的误区。

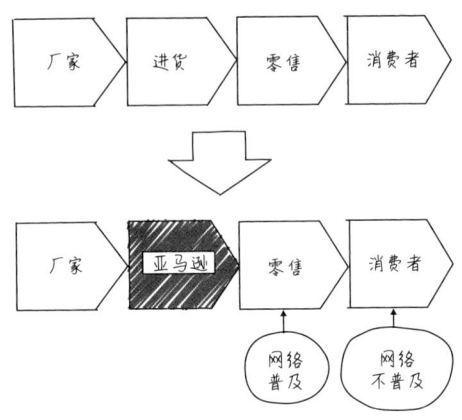

图5-6　使用箭形图思考物流结构②

但你很快就会发现，肯尼亚的家庭零售店地位并不安稳。因为等个人的互联网普及率提高了，物流基础设施完善了，迟早还是会变成图5-5那样的结果。

三、用箭形图表现企业活动价值链

因为箭形图是非常有效的模板,所以它在经营战略论中作为描述企业活动的方法广受欢迎。

如图 5-7 所示的箭形图被称为价值链,由管理学家迈克尔·波特提出。它代表了公司为创造附加值而进行的整个业务活动。在这个框架内,我们能够分析出企业在价值创造活动中的哪个环节出现了问题。

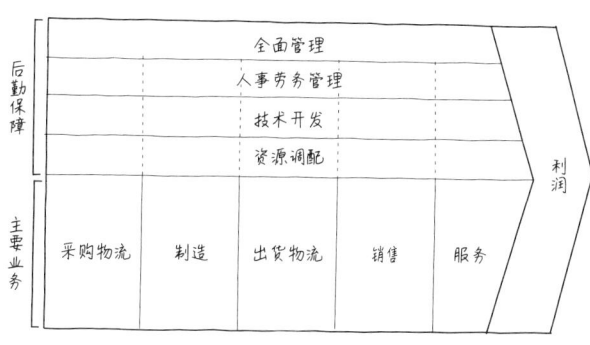

图 5-7 价值链(参照迈克尔·波特《竞争优势战略》)

第三节

用二维思维来考虑一维箭形图

其实,只要调整一下箭头,思考就会更深入。不过,这些箭头只是一维的。所以,在这里我想用纵轴加横轴的二维进行思考。下面具体说明一下使用箭形图从二维角度进行思考的方法。

一、总结 5~6 个有意义的模块

首先要做的是画出 5~6 个箭头。

把重要的行动和活动的模块总结出来,从左到右(或者从上到下)排列。例如,"挤出英语学习时间"的图 2-5(第 36 页),沿着时间轴总结出了从早上起床到睡觉的行为模块。

也可以用箭形图来表示某个目标。

例如,购买某一商品有几个阶段。首先,如果客户"没听说过"该商品,就绝不会购买。其次,即使他们知道该商品,也得让对方产生兴趣才有可能花钱购买。而且,客户买东西的时候通常要货比三家。所以至少要让他们产生购买本商品的欲望,才能把商品卖出去。最终的目的还是要让他们做出实际的购买行为。

用文字表达好像内容很多,但是用图的话就可以像图5-8一样简单地表达出来。这是一个非常著名的营销框架,用于描述客户的消费行为。仅仅把箭头摆在一起就能构成AIDA(爱达公式)这一著名的管理学框架,这本身就体现了箭形图的价值。

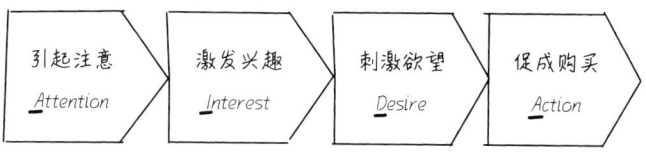

图 5-8　AIDA 公式①

二、以箭头为横轴设定纵轴

有了箭头，接下来考虑纵轴。

在图 2-4（第 36 页）那一张安排全天计划的箭形图中，纵轴上列举了英语的学习内容。列举以后，我们明白了为提高英语分数这一输出必须要做的事情（图 2-5）。

例如，在爱达公式下，如果纵轴取顾客的数量，那么画一个"瀑布图"，标注市场上的人数以及购买者的数量，就可以清楚地看到在哪个环节丢失了顾客（图 5-9）。像这样把箭形图和另一个轴组合在一起，就会产生更多的想法。

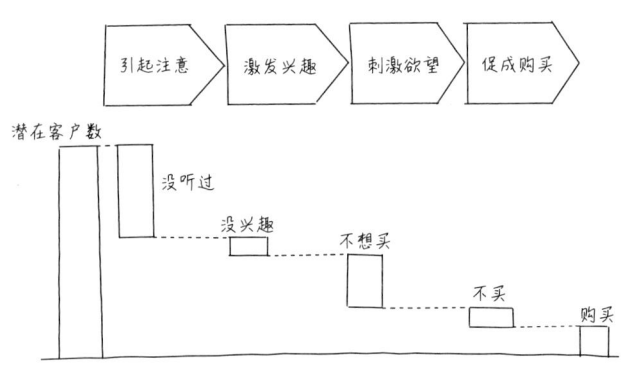

图 5-9 AIDA 公式②

那么另一个轴应该怎么办呢？

我们用第三章金字塔图中的"特殊视角"来思考，其中的90°横向思考最适合，即将画在箭形图上的轴要从"对立、垂直"等角度思考。

·关于英语学习，一天的流程（时间）→学习内容的范畴（内容）

·关于AIDA公式，客户确认阶段（定性）→客户数量（定量）

三、以动态的角度看待箭形图

接下来，是如何看待箭形图和另一个轴形成的二维面。一言以蔽之，就是以动态的角度来看。

箭形图的构思原本就是动态的，所以在看二维图的时候，动态的思维方式也很有帮助。再次回顾本章介绍的图，有几个关键词需要注意。

·变形·变化：表示箭头的形状发生变化的意思。例：肯尼亚的零售店和亚马逊的仓库。

·关联性：获得重要发现。例："瀑布图"。

·因果流程：理解复杂性和低效性。例：BPR（在下一节中介绍)。

· 力量关系:理解变化的方向和动力。例:工业价值链(在下一节中介绍)。

这些视觉不是静态的,而是动态的。从这样的角度看图,离解决方案就更近一步了。

第四节

将箭形图应用到各种商业场合

一、提高企业活动效率

如果使用价值链来理解上述企业运营活动,就可以看到提高价值和降低成本的方法。

纵轴是业务流程,横轴是组织部门,按照这个组合来整理任务的话,就会看出业务的浪费现象。这就是业务流程重组(Business Process Reengineering,BPR),它经常被认为是使用信息技术从根本上重新评估业务流程(图5-10)的方式。

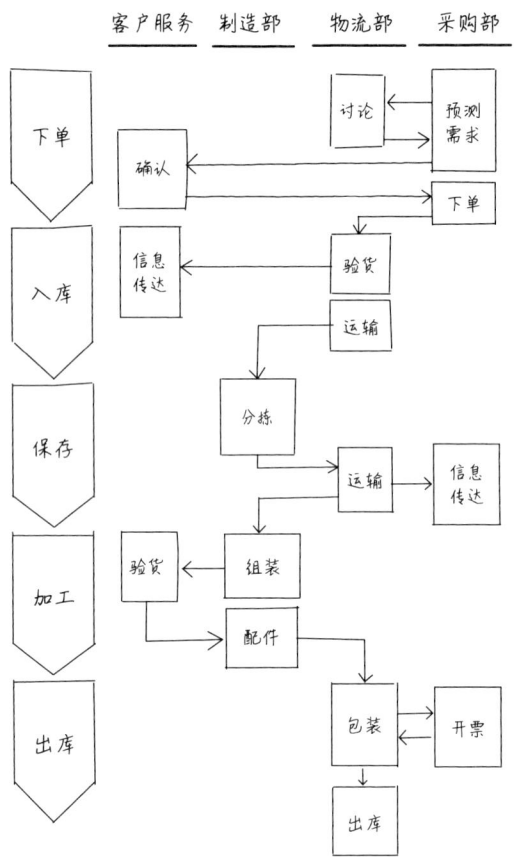

图 5-10　价值链 × 组织部门

针对右箭头和左箭头多的地方,我们需要重新审视它们的业务和组织。看明白这点,就能彻底知道应该在哪里改正了。

或者,沿着价值链画出每个箭头所花费的成本和所产生的利润(如图5-11中的"瀑布图")。这一次,我们可以清楚地看到企业活动中的价值是在哪里产生的,这就是它被称为价值链的原因。

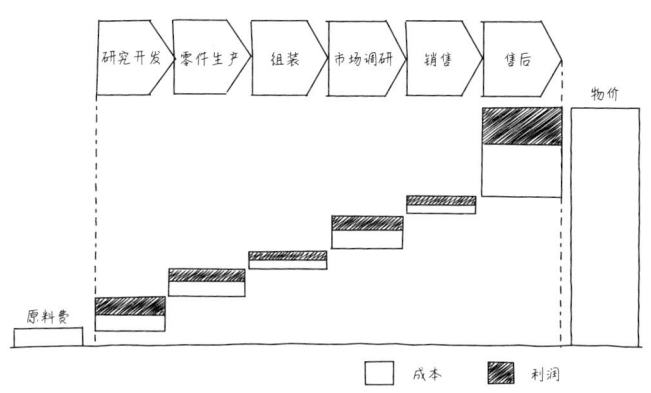

图 5-11 价值链 × 成本·利润

结合面临的问题,分别设定纵轴和横轴(纵轴和横轴也可颠倒),通过图形进行思考,很多问题就迎刃而解了。

二、5F管理框架

这个价值链的思路,也可以延伸到整个产业。

在经营战略理论中有一个著名的框架,叫作5F(Five Forces:五力模型)(图5-12)。这个5F通过分析五个因素(买家、卖家、新产品、替代品、业内竞争)来了解这个行业是否是赚钱的行业。

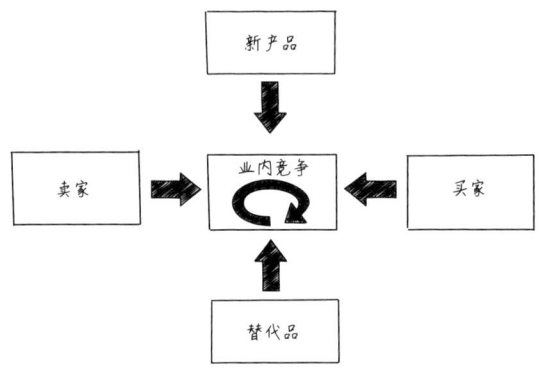

图5-12　5F管理框架

虽然这张图形式非常独特,但仔细一看,你会发现图中有一个流程,这是以箭形图为基础的。

从左到右看中间的方格,为"卖家""业内竞争""买家"。这流程是从卖家的投入获得附加价值到被买家消费,是产业的价值链。在这个价值链上,增加了行业压力——"替代品"和"新产品"这两个因素,最终形成了5F框架。

商务人士对这个产业价值链的理解本质上是很重要的。例如,以产业价值链为横轴,以企业的类别为纵轴来映射企业,就能清楚地了解自己公司的地位。在图5-13中,我们可以看到竞争加剧、下游玩家的压力增加,情况相当严峻。

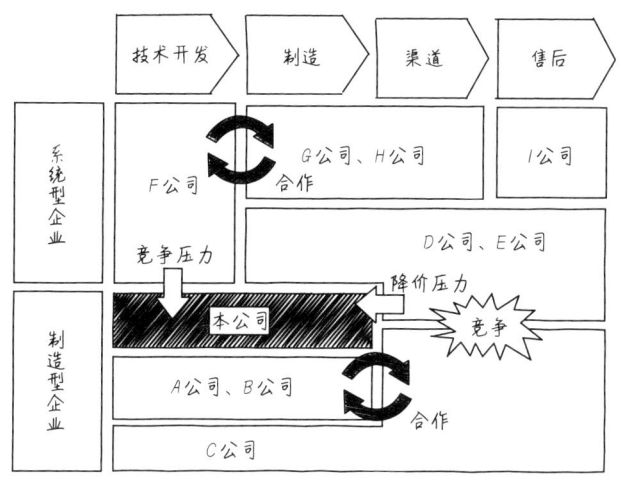

图5-13 在产业价值链上分析自己公司的位置

理解公司内部的流程,是思考增强竞争力具体措施的出发点。我做咨询顾问的时候,出色地完成了许多这样的图。

三、箭头游戏

下面的案例是一个特殊的应用案例。

在这个案例中,通过移动"箭形图"中的箭头,我们可以理解改变顺序带来的真正意义。这是我曾经的一个咨询项目。因为需要保密,我在这里用一个不同的主题(信息产业)来解释。

这是一个信息爆炸的时代。那么和 30 年前相比本质上发生了什么变化呢?

30 年前的信息传播形式,主要是报社和电视台收集信息、编辑信息、向社会传播。也就是说,信息一直是被创造、传播、消费(并且形成了大众文化)的。

用箭头做成箭形图的话,就会有像图 5-14 一样,从上到下垂直地传播信息之感。

图 5-14　30 年前的信息传播方式

但现在，互联网、智能手机和移动设备已经普及。过去只能消费信息的个人现在可以创造和发布信息，接收它的人也对其做出反应，从而创造新的信息。而且"爆红"的概率很大，现在我们正处于这样的世界环境之中。

现在的信息是个别的、动态的，而且信息的传播方式也不再是垂直纵向的了。也就是说，图 5-14 中的"信息的创造""传播""消费"同时、循环地发生，自我增值的信息变得更加强大。所以，横向的信息传播方式更接近现代。如

图 5-15 所示，箭形图以动态的方式从纵向变成了横向。

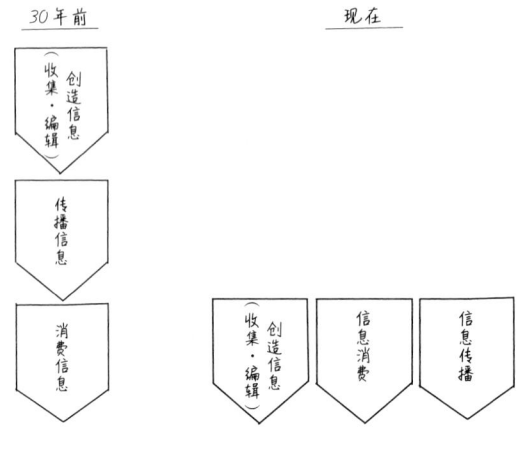

图 5-15　信息的传播方式发生改变①

在这样的结构变化中，许多重要的东西都发生了改变。过去，如何顺利接受和处理外界传来的信息很重要。然而，现在重要的是掌握动态的能力和创造力，包括如何获得、取舍和传播来自世界各地的信息。

这个项目的目的是开创新业务，当然，结构发生了一些变化，新业务的着眼点也随之改变。图 5-16 简单描述了它的本质，从直线到圆形，甚至是回旋型。

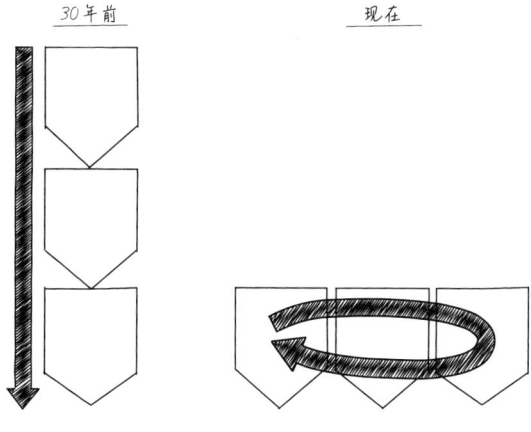

图 5-16　信息的传播方式发生改变②

我们以这张图为基础开展了新业务的研究，并成功地完成了该项目，这里的新业务是中介或合作性质的业务。虽然现在我们对它很熟悉了，但当时它还是很新鲜的。

第五节

用箭形图创造独特方案

一、构建价值链

接下来我们来讨论一下如何利用箭形图来产生更独特和新颖的想法。

第一个要介绍的是咨询公司BCG[①]倡导的价值链架构图。在这张图中,由于产业的成熟化等引起的产业价值链的变化分为四部分(图5-17)。它也带给了我们开创新业务的启示。

例如,微软和英特尔引领电脑行业发展,软件管理系统和中央处理器成为他们的优势业务,也让两家公司成为行业

---

① BCG:The Boston Consulting Group,波士顿咨询公司,全球首家专注于管理战略的咨询公司。

巨头。而戴尔也开创了一个价值数万亿日元的业务,即自己组装电脑,把不擅长的部分交给其他公司(包括微软和英特尔),模式类似由指挥家指挥的交响乐团。亚马逊在产业价值链中独自创造了销售市场,迅速成为电商平台的巨头。

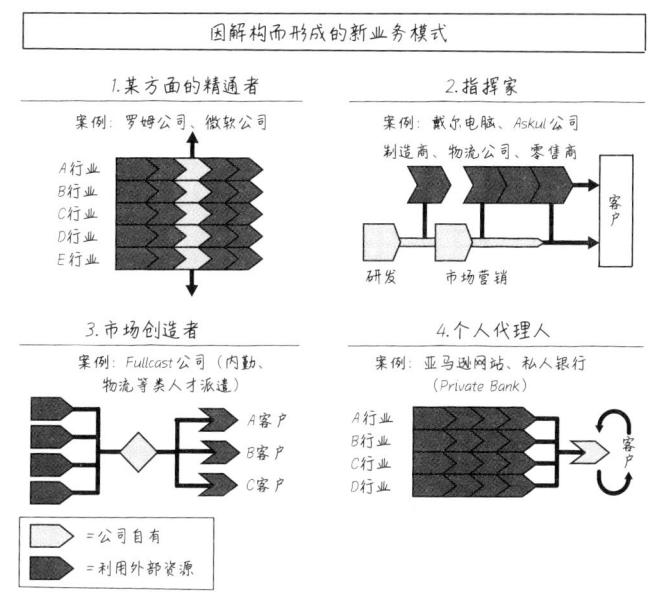

图5-17　价值链解构的4种模式(参照水越丰《BCG战略思想》)

这种能够带给我们启示的思考模式,越早掌握越有益处。

二、通过交叉箭头产生独特想法

第二个要说的是交叉箭头。

这是我从几家运营公司辞职后,作为罗兰贝格的经理回到咨询行业时想到的创意。

当时我在为一家贸易公司制作新业务项目建议书。当时面临的最大问题是,能否为探讨新事业提供崭新的切入点。我们需要找到某个基准来构思和研究新的计划,但又,想不出任何好主意。

贸易公司的做法是俯瞰产业价值链,判断产业的变化,把握时机进行投资。所以当时我认为将横轴设定为产业价值链最合适,问题是纵轴应该如何设定呢?

在和同事讨论的过程中,我突然想到了"对立的两个项目"和"熊彼特的重组"。世界是由众多价值链交织而成的,不妨结合价值链考虑一下"重组"。由此,我产生了"试着把价值链也放在纵轴上"的想法。

因为客户是航空业,所以当时画的图类似图5-18。我们在图中展现了对新业务的设想,并建议在项目中进行验证。结果,建议被采纳,同时也达成了与公司的咨询合作。那期间,我还找到了几个前途大好的事业项目,而且都顺利完成了。

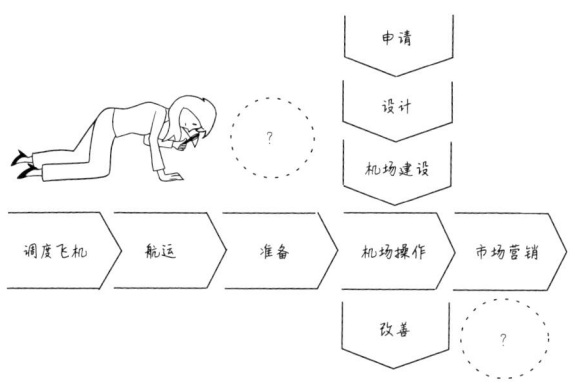

图 5-18 在箭形图上将纵轴与横轴交叉

补充一句，之所以在项目中能够发现新兴业务，是因为它们以原本不存在的新概念为基础，超出现有的产业价值链的范畴。还因为该贸易公司的业务已经存在于横向和纵向的产业价值链中了，因此可以期待新业务的协同效应。

该项目通过进行横向和纵向交叉而产生的独特想法，发现了有潜力的业务，最终成为一项成功的案例。

三、圆形箭形图的启发

最后的第三点是把箭头环绕起来。

这是我在戴尔公司的时候遇到的事情。当时，戴尔是一家快速发展的电脑直销公司。我常常被邀请就戴尔的业务模式发表演讲,那时,我最喜欢使用如图5-19这样的公司内部常用图。

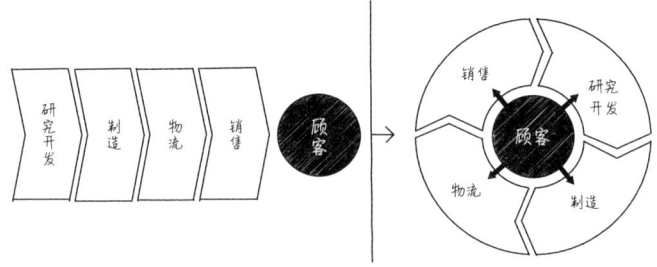

图5-19　戴尔的圆形价值链

这张图的根本思路是"客户经验"。我想说的是,顾客不仅仅是销售要面对的,而且是公司价值链的每一个部门、每一个员工都要面对的。

也就是说,如果是抱着图5-19中左图那样的意识,就有可能产生销售人员和开发人员之间的纠纷。从开发人员的角度来看,销售人员是假借"老虎"(顾客)之威的狐狸;而从销售人员的角度来看,开发人员则是不了解顾客的技术宅。

但是在右边的图中,重要的是位于中间的顾客。如果大家有时间围绕销售人员和开发人员吵架,不如多关注一下顾客需求。大家的关注点都转向顾客，互相合作，那么重点对象就不在经营团队内部而是在外部，这样，内部的琐事就消失了。

事实上，戴尔重视所有部门的各种想法，并利用直销模式来提高"客户体验"。这是我们要说的从"物"向"事"（顾客经验）的观念转换。

例如，当时的"戴尔+"服务就是由物流和市场营销部门合作而来的。"戴尔+"是一项在工厂安装客户自行开发的软件的服务。既然戴尔要安装操作系统，就可以同时安装软件，这样既节省了客户的时间，也为戴尔提供了新的增值服务（图5-20）。

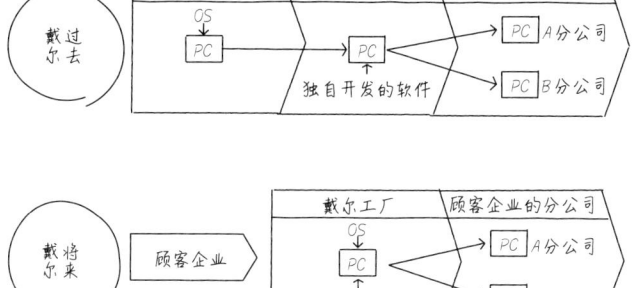

图 5-20　通过改变图形找到新的服务方式

"戴尔+"是从图5-20提到的新组合中诞生的。从箭形图变成圆形箭形图的重组,这些变化是不是十分有趣呢?

这种圆形箭形图,实际上接近链形图的想法。下一章我们将介绍链形图。

> **专栏:箭形图与面积图也相关**
>
> 正如第四章所解释的,田字图和金字塔图是相关的。其实箭形图和面积图也可以联系起来。让我们来看一个例子。
>
> 假设你是个体经营户,公司今年的利润是500万日元,为了进一步发展业务,明年需要利润900万元。要做到这一点,只有"(降低成本)"或"增加销售额"这两条路。降低成本和增加销售额哪一个更重要?
>
> 例如,假设今年的销售额为2000万日元,利润率为25%(500万日元利润=2000万日元×25%),为了提高利润率,在明年只能降低5%的成本的情况下,我们应该增加多少销售额呢?这个答

案只要画一张面积图就一目了然了（图5-21）。从这张图来看，必需要增加的销售额是1000万日元，我们可以看到，销售额对利润的影响比节约成本更大，也就是说，增加销售额更重要。

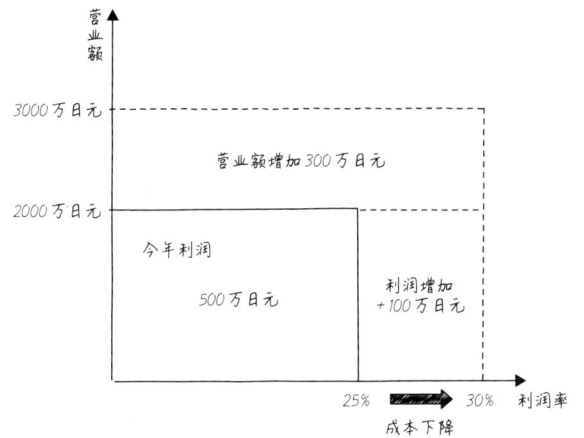

图5-21 利润面积图

问题在于期望值与现实值之间的差距。根据莫雷分析法我们找到了现实值（利润500万日元）与期望值（利润900万日元）的结合点，如图5-22。

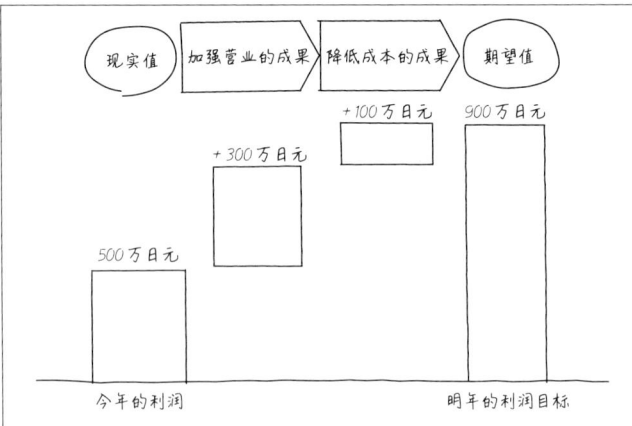

图 5-22　箭形图 × 莫雷分析法

就这样,箭形图和面积图也变成了相关的两种图。无论哪一种,都是以不同的形式来把握问题所在进而提出解决方案的。

田字图和金字塔图也是如此,各种图形模板是相互关联的。因此,使用多种模板进行构思,就是在不同的切入点、突破口寻找事物本质构造与关系的一种努力。

第六章
常用模板之链形图

最后要介绍的类型是链形图。链形图是一种非常丰富的图表,描述了事物之间的因果关系和本质,创造了亚马逊和星巴克咖啡(日本)等著名公司的商业模式。链形图有助于深入思考,是现代社会的必备技能。

第一节

使用链形图发现真理或本质

一、链形图与其他三类图形的区别

链形图与之前介绍的金字塔图、田字图、箭形图的构思不同,前三种图形是分析性的方法,即将事物进行分类整理,属于要素还原主义的范畴。而链形图是一种更加全面的、自上而下的、动态的图形,它更强调事物之间的联系。

例如,请回忆一下图 3-14。在那个金字塔图中,将销售额分解为"价格 × 销量",这本身没错,但是要注意避免遗漏横向的因果关系。在设定"价格 × 销量"的情况下,提高价格则销量会下降。这就是因为当时金字塔图遗漏了因果关系,导致自相矛盾。

链形图有助于明确和理解这样的因果。例如，如果你画一个如图6-1所示的链形图，价格上涨，销量就会下降。相反，如果要增加销量，就要降低价格。或者出现价格降低，销量上升的情况。

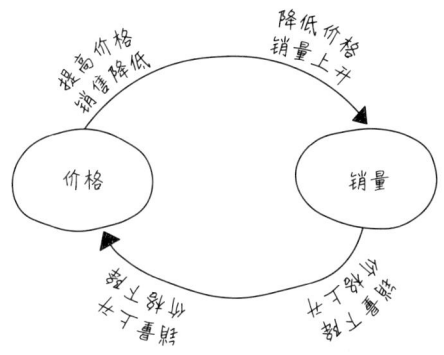

图 6-1　链形图

关注事物之间的关系，并将结构和因果联系起来就是链形图与众不同的地方。

常用模板之链形图

二、通过理解关系发现真理

我意识到关系的重要性,是在我开始考虑从理科研究生院毕业后投身文科行业(商业世界)的时候。那时,我的大脑必须从零开始进入另一种思考模式。就在这个关键时刻,我发现一本书里写着这样一句话:"真理存在于事物之间的关系之中。"

对于理科出身的我来说,这句话醍醐灌顶。因为在此之前,我的想法是,真理存在于事物的内部,所以我们应该了解的是电子,是原子,是宇宙。但那本书说,真理存在于在关系之中。

的确,由人类创造出来的世界是关系的集合。人们的快乐和悲伤大多是从与其他人的关系中产生的。所以说,事物与事物之间的关系十分重要。

这句话让我看到了世界的另一面。也就是说,它让我明确地意识到了我之前的思考方式是片面的,与其他事物是割裂的,而这个重要的领悟也成为我转向文科后的坚强后盾。这种关系在图形中比在文字中更容易理解(图6-2)。

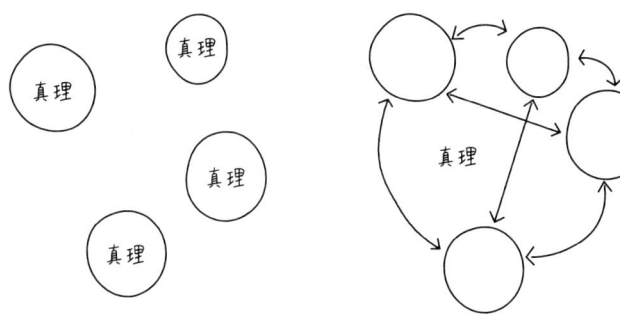

图 6-2 真理在哪里?

三、链形图催生万亿美元的生意

链形图也会带来意想不到的成功。例如,杰夫·贝佐斯描绘的亚马逊商业模式可以说是利用对关系的理解而取得成功的典型案例。

据说杰夫·贝佐斯在创业后不久,就在纸巾上画了一张类似图 6-3 的图形。这是亚马逊商业模式的原点,他画的正是链形图。这种商业模式使亚马逊发展成为市值约 1 万亿美元(截至 2020 年 1 月)的企业。

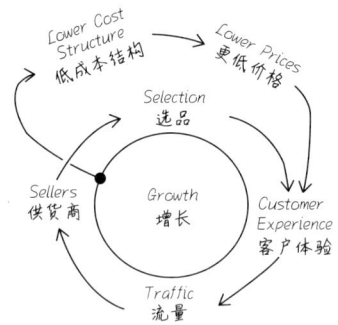

图 6-3　杰夫·贝佐斯画的链形图

另外,还有一个重要的事情大家注意到了吗?实际上,这张关于亚马逊商业模式的图 6-3 和刚才的"价格 × 数量"的链形图 6-1 是不一样的。

图 6-1 是负循环,带来了或涨或跌的平衡。而图 6-3 是一个不断增长的正循环。也就是说,图 6-3 是一个"自我强化型的正循环",可以带来良性循环。是否包含正向循环是预测事业成败的关键。

四、用链形图发现本质

我认为链形图中隐藏着深入思考的关键,即"整合而非分化、利用箭头强化因果关系、通过联系构筑整体"。这样的链形图视点可以防止我们的思考流于现象和表面，使我们关注事物深处的本质，对于认识事物非常重要。

当我们理解了之前没注意到的结构和因果关系时，就开始能够理解关键问题了。做得好的人，会在理解了真正重要的事情之后再行动，从此开始与先前有差异。因为他这样的态度也体现在了工作和生活上，于是变化越来越大。

现在，我们举一个简单的例子来看看链形图的功效。我们以如何提高企业业绩为例。

为了简单起见，我们假设公司的业绩可以通过满足客户需求和员工需求来实现。用金字塔图来描述个问题，如果你盯着这个金字塔，你可能会想到图6-4这样的方法。但是如果只囿于个别方法，则很难发现问题的关键。

我们再利用链形图来考虑一下这个问题（图6-5），这样客户需求和员工需求之间的关系也更清楚。如果我们以亚马逊为例的话，那么为了提高企业业绩就必须要创造一个客户和企业沟通的"场所"（图6-6）。有了这样的想法以后，基本上就找到了合适的方法，即建立一个机制，让客户和员工之间产生良性循环。

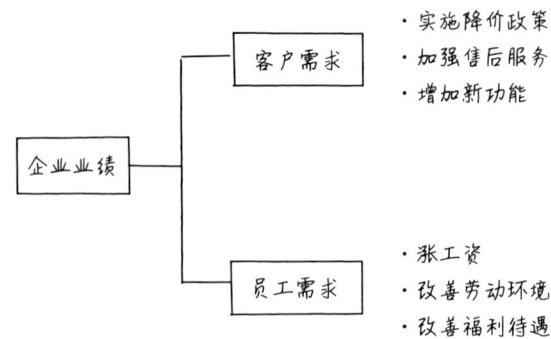

图 6-4 以金字塔图分析如何提升企业业绩

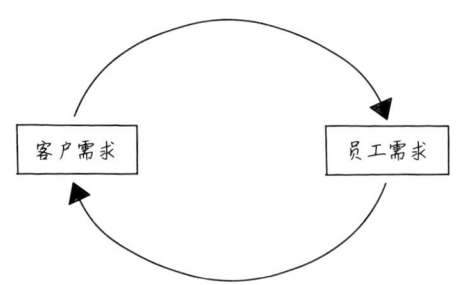

图 6-5 以链形图分析提升业绩的方法①

这样的想法很难通过金字塔图得到。我觉得这就是链形图的厉害之处。事实上，许多优秀的公司为了创造新的价值，都在为客户公司和自己的研发部门提供沟通的场所。

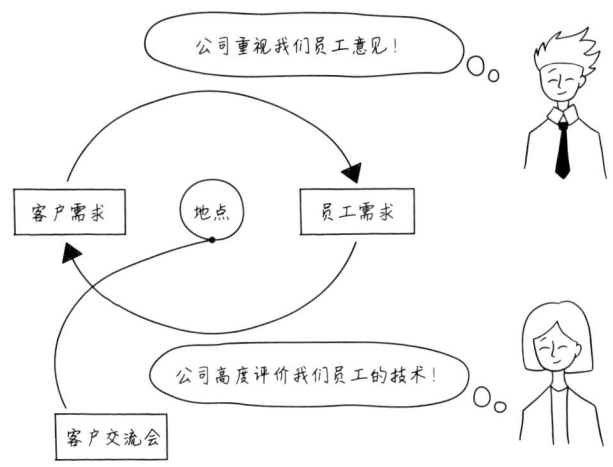

图 6-6　以链形图分析提升业绩的方法②

常用模板之链形图

第二节

利用链形图创造未来——以星巴克为例

现在,我们将讨论使用链形图进行思考的具体过程。

为了简单易懂,我想以我曾经的公司而且大多数人都知道的星巴克为例进行说明,它发展壮大的秘诀是什么?

一、将重要因素任意画在纸上

星巴克自1996年在银座松屋路开设第一家店以来,目前已在日本开设了1530家分店(截至2019年12月末)。我在星巴克担任管理策划部门负责人的时候,正好是其从200家店迅速发展到500家店的时候。

那时,星巴克就是一家与众不同的公司。

他们很重视人,且最重视的是被称为"合作伙伴"的员工。合作伙伴包括正式员工和兼职员工。他们重视人的自主性,星巴克有制作咖啡的制度,但是没有接待客人的制度。接待客人是由每个合作伙伴自己任意发挥的。

用语言来表述就是,他们的政策是合作伙伴们拥有自主权让自己接待的客户满意,而无需标准化的接待客人方式。这样自由的接待客人的方式,让每位员工更有自己的个性和魅力。

当然,因为是咖啡行业,所以咖啡本身的质量最重要。星巴克的美国总部有好几个咖啡豆采购商,他们在世界各地飞来飞去,在当地试饮,只采购好的咖啡豆,而不是购买市场上流通的普通咖啡豆。

他们不仅提供简单的深煎咖啡,还不断推出新产品,如拿铁、卡布奇诺和一些季节限定咖啡。

另外,星巴克的店铺基本都是直营店,旨在提供一个可以找回自我的放松的空间,即第三空间。提供第三空间是星巴克服务的一个亮点。

在那样的第三空间,客人们觉得自己可以享受到一种触手可及的奢侈。虽然买不起法拉利,但花 300 日元买一杯稍微贵一些的咖啡也是可以承受的。

因为星巴克具有这样的特点,所以在通过链形图考虑时,我们首先列出了我们认为重要的元素(图6-7)。这个时候,最好不要一条一条整齐地写出来,因为之后我们要研究这些要素之间的联系。所以我建议充分利用纸张的空间,将各个要素分散写在纸张的不同位置。

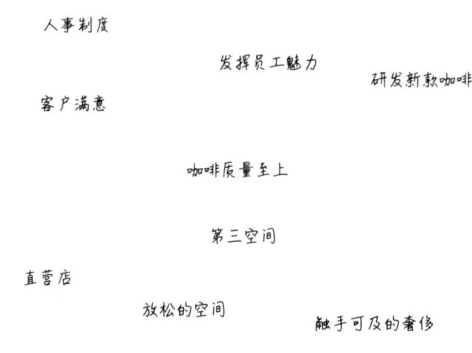

图 6-7 以链形图分析星巴克的商业模式①

二、用线或箭头连接因果

当你写出一个元素时,你接下来要考虑元素之间的因果关系,并用一条线或一个箭头将它们连接起来。

例如,因为星巴克重视员工们的自主性,所以在店里能感受到员工在接待客人时的魅力。而这种结果是通过公司重视合作伙伴来实现的。这些要素可以用箭头连接。

星巴克开直营店的要素包括"好喝的咖啡""员工魅力""合适的场所",这些条件都满足后,才产生了作为第三空间的价值。另外,不断开发新商品也为这些第三空间提供了更多吸引力。

此外,从日本星巴克的角度来看,加紧全球扩张的美国星巴克的支持也给了他们强有力的帮助。

例如,如果全球业务规模变大,经营资源变得充裕,咖啡采购队伍也会扩充,咖啡的品质就会提高。而且,在开店铺时,可以拿到材料的批量折扣,也可以获得设计支持和商品开发支持。这些全球业务的基础设施将使星巴克的店铺更加完善、舒适。

当星巴克这个第三空间变得很完善的时候,认同星巴克的人会作为合作伙伴参与进来,企业和员工(合作伙伴)之间的联系自然也会加强。

将遗漏的元素补足并进行分组(例如把全球基础设施用虚线分组),就逐渐揭示了内部的结构和因果等关系(图6-8)。

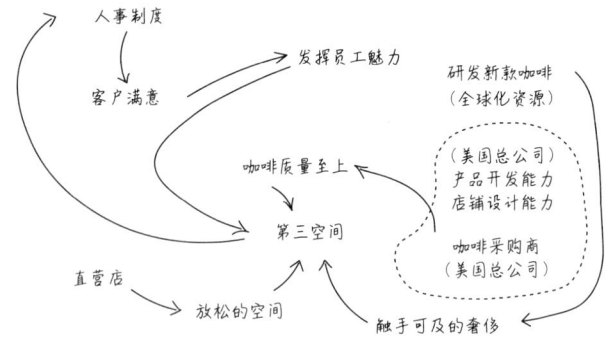

图 6-8 以链形图分析星巴克的商业模式②

三、再次分析链形图

最后,再一次分析自我强化型的链形图,观察亚马逊那样的良性循环,然后画一个链形图。

如果把刚才的图 6-8 整理连接起来,就可以画出图 6-9 这样的链形图了。其中存在着几个"自我强化型链形图"。这样,我们就能明白,对第三空间这个价值的坚持,以及独特的用人制度是星巴克成功的秘诀。

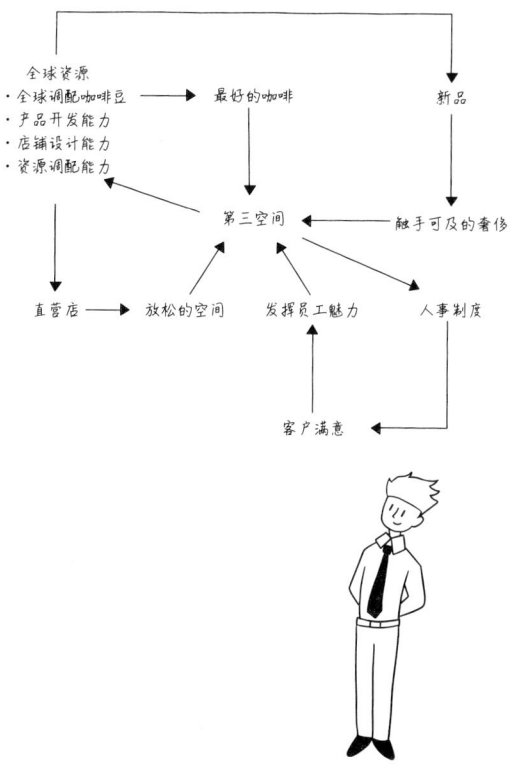

图 6-9 以链形图分析星巴克的商业模式③

我想,星巴克的实际创始人霍华德·舒尔茨很可能是在脑海中描绘了这样的图像,不断扩大了自己的业务。虽然我们无法取得那样的成功,但我们要做的事情是相同的:

常用模板之链形图　181

- 写出要素；
- 考虑关联性；
- 再次分析链形图。

通过做这些事情可以产生许多新的价值。

第三节

利用链形图解决根本问题——以 GE[①] 为例

一、关注结构而不是现象

链形图不仅能在创造未来方面发挥作用,还有助于从根本上解决问题。

然而问题存在于理想和现实的差距中。你只要找到一种良性循环来切断问题的因果关系就可以了。这种良性循环能够改变事物之间的关系。

要解决问题,不可能只改变现象。因为现象是从结构和因果中产生的。相反,如果只想改变现象,结构就会与之相斥。而且,越是坚持改变,排斥就会越强烈,最终只能因副作

---

① GE:General Electric Company,美国通用电器公司。

用而烦恼。所以说，只要结构和因果关系不改变，问题就得不到解决。

二、杰克·韦尔奇的GE复活剧

20世纪80年代初，杰克·韦尔奇担任GE的首席执行官，当时GE患上了一种"大企业病"，业绩逐步恶化。当时GE的业务非常多，管理资源分散，每一个都陷入半途而废的境地。

他试图重建GE公司，所以从根本上审视现状，进行彻底的改造，于是开始了"数一数二战略"。据说这个想法是他和夫人在餐厅吃饭时构思出来并画在纸巾上的（图6-10）。

当时的出路是要选拔能够成为数一数二的"核心""服务""高科技"的事业，要么就是项目出让或叫停。也就是说，这张图的后面隐藏的是产品组合管理（PMP）。

各位是否还记得，"循环战略论"PPM的本质也是"摇钱树→潜力股→绩优股→摇钱树"。杰克·韦尔奇严格执行这个循环进行选拔，最终GE重振雄风。

顺便说一句题外话，我听说很多人都是把最初的商业灵感画在了纸巾上。大概是因为人在放松的时候更容易闪现创意。但注意千万不要本末倒置,能在纸巾上画出商业模式,并不意味着一定能取得成功。

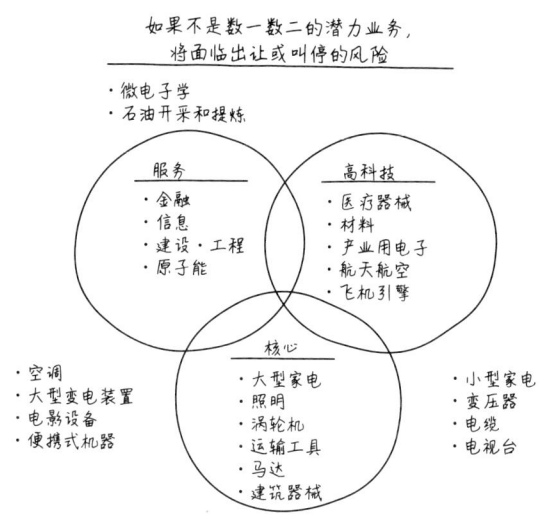

图 6-10 杰克·韦尔奇的事业构想图

三、寻找支点,填入特殊链形图

利用链形图解决问题,还需要关注其深处的结构和因果关系。当然,指望某天突然理解和改变所有结构和因果关系是不可能的。

因此,值得注意的是"寻找杠杆支点"和"填入特殊结构"。

也就是通过杠杆原理找到一个支点,然后将它填入特殊的结构中。

对于 GE 来说,强大的总部规划功能是他们的支点。由强大的管理规划团队进行精确的评估和判断,自上而下发挥作用;然后公司稳步执行战略计划;最终,整个业务的结构都将发生变化。

同样的讨论也适用于本章开头的"价格 × 销量"负循环。要克服价格和数量之间的负面效应,需要找到一个突破支点的新循环。例如,开发全新产品、建立强大的销售队伍等。如此一来将有助于产生良性循环,即价格和销量都提高,同时销售的增加将进一步加强产品开发能力和销售能力(图 6-11)。

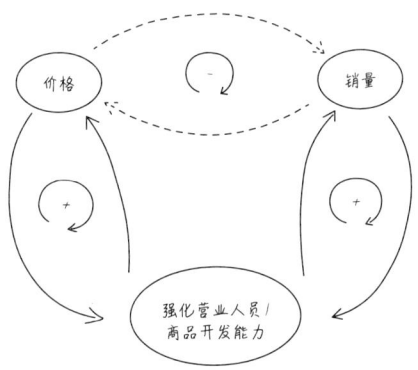

图 6-11　填入特殊结构链形图

当然，这种寻找支点的意识，在日常生活中也是很有帮助的。例如，因为工作太忙，抽不出时间和女朋友约会，两人关系变得紧张，于是把每月第一个星期三作为约会日。这个想法把顺其自然的事情变成了定期强制执行的事情，从"有时间才约会"转变成"要约会就要提前安排好工作"。

另外一个例子是担心不自觉地吃甜食后会发胖，于是在门口放上体重秤。这种做法增加了自我反馈的机会。针对不知不觉被诱惑的自己，把体重"可视化"，激起自己减肥的欲望。

最后再次提醒大家注意，如果不改变结构和因果关系，现象就不会改变，问题也无法解决。

专栏：链形图源于"系统动态"

这个链形图的灵感来自我在麻省理工学院留学时所学到的系统动力学。系统动力学起源于 20 世纪 60 年代，是麻省理工学院的杰伊·福雷斯特教授开发的模拟方法。

这种方法不以还原元素的方式分解事物，而是用图来表示元素之间的联系（有时称之为因果循环图），然后用计算机直接模拟和验证事物的行为。换句话说，我们的目标是全面掌握整个系统的运转，并将其用于政策建议（图6-12）。

最具划时代意义的例子是一本名为《增长的极限——罗马俱乐部"人类危机"报告》的书，该报告是由罗马俱乐部委托麻省理工学院于1972年发表的。当时，世界正处于高速发展时期。然而，这项研究要传达的信息是"从向上增长到平稳增长"，这令人相当震惊。50多年前，通过模拟整个地球，他们预见到了人类将面临的危机，如环境破坏和粮食问题。

关于使用这个链形图的图式构思法的详细情况，请参照拙著《本质思考》（东洋经济新报社）。链形图是一个非常重要的图形，虽然与金字塔图、田字图、箭形图等图形的视角在根本上有所不同，但它们之间是相辅相成的。

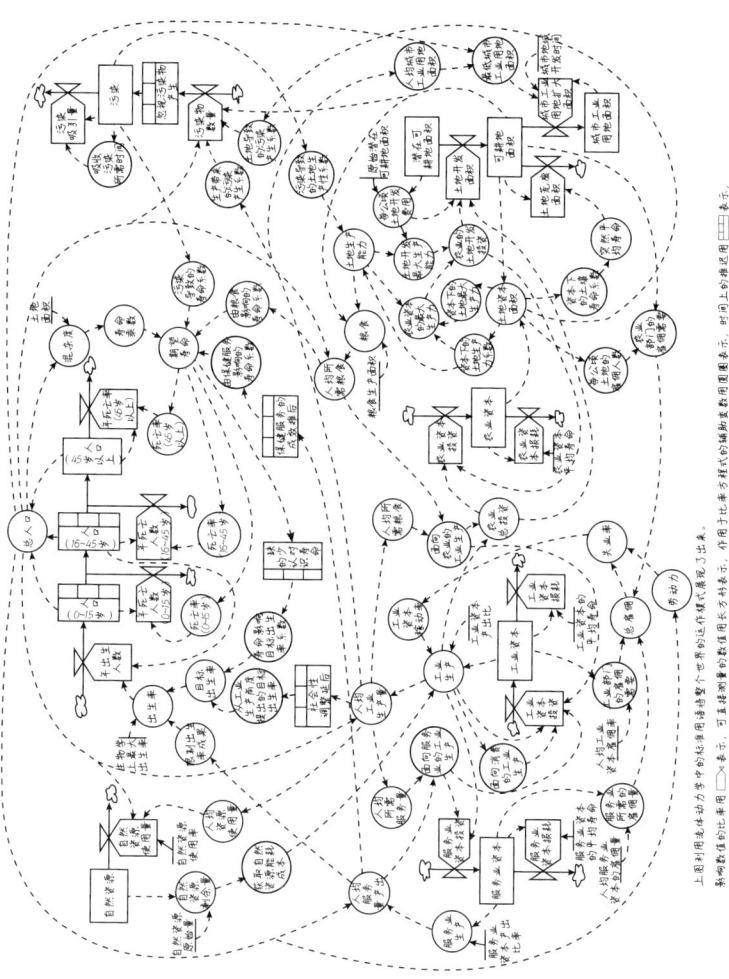

图 6-12 世界模型（参照《增长的极限》）

第七章
成为图像思考术的高手

到目前为止,除了概念图之外,本书还讨论了四个结构图,即金字塔图、田字图、箭形图和链形图的使用方法。在最后一章,我想重新回顾一下图像思考术的意义。

第一节

画图的目的不是为了完成画图任务

一、画图本身就是思考的过程

画图这个行为本身就是思考的过程本身。通过与图形的对话拓宽和加深想法才是画图的目的，绝不是为了完成画图任务，草率完成画图本身没有任何意义。

如果你过分关注画图，你就无法从图中学习。容易吸引人注意力的 PPT 就因为有这个缺点而不适合思考。

画图的时候慢慢下笔，就像喝红酒一样，一边忍受着未完成的不舒服感，一边在脑海中反复想象，等待想法的涌出。我觉得这才是画图应该有的样子。

我在做项目、做研究或者写书的过程中也会画图，把目标、各种想法都画到纸上，一直拿着那张纸，直到工作完成。时而修改，时而加入新想法。图能在我没有思路的时候帮我返回"思考的原点"，看着图，思考也会更加深入。

另外，即使没有真正看着那张图，看过多遍后也会在脑海中留下印象。所以，无论是在电车上、走路、吃饭或任何时候，都有办法进行深入思考。"啊，在那张图的右下角附近加上这一点比较好""原来把这里和那里连在一起，逻辑似乎就成立了""这个地方最终可以概括为右上、中间、左下的三点"，等等，在反复看图的过程中可以不断完善自己的想法。我认为这一点也十分重要。

顺便说一句，图7-1是我在与研究生班的同学讨论硕士论文时所画的论文简画，不过大家可能看不懂。在这幅画上进行讨论可能让人觉得不可思议，但它确实是我和同学们达成共识的基础，也完整地呈现了论文的结构。

在提交论文之前，我一直把这张图放在身边。遗憾的是这张图距离现在太久，我也忘记当初这些画上的东西具体是什么意思了。

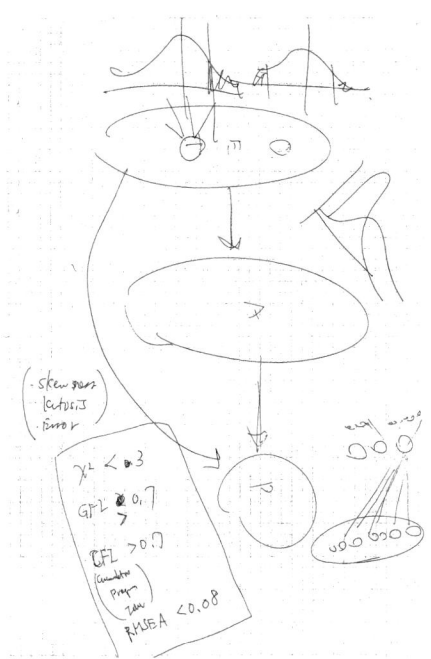

图 7-1　本人随手画的简图

二、交叉思考多张图

我有时会有意识地对几张图进行交叉思考。

之前在第四章中提到的田字图、金字塔图就是其中的例子。通过同时观察几张图就可以从不同的角度来把握事物，也能让自己的想法更加清晰，更加深入。

最近发生了这样一件事。我在某企业培训会上进行逻辑思维的讲座后,做出了这样的总结:"逻辑思维,头脑能够理解,但很难做到。但是,如果不理解的话,就不可能做到。从这个意义上说,我希望这次关于逻辑思维的讲座,能成为大家掌握逻辑思维的第一步。"

在我说这些话的时候,我的脑海浮现出了一张讨论"懂→会"的箭形图(图7-2)。如果用田字图来考虑这个问题会怎么样呢?如何把"懂"和"会"作为纵轴和横轴化成一个矩阵呢?

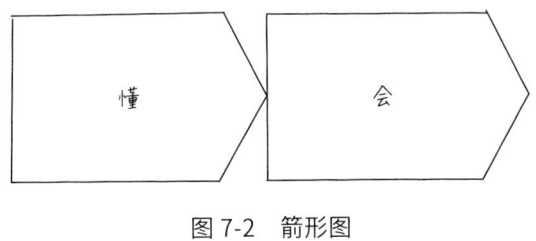

图7-2 箭形图

通过逻辑思维的讲座,我把听课的学生从左下角的方格移动到了右下角的方格,这是我的讲座给别人带来的变化。下一次讲座,我的目的就是把学生从右下角的方格移动到右上角的方格(图7-3)。

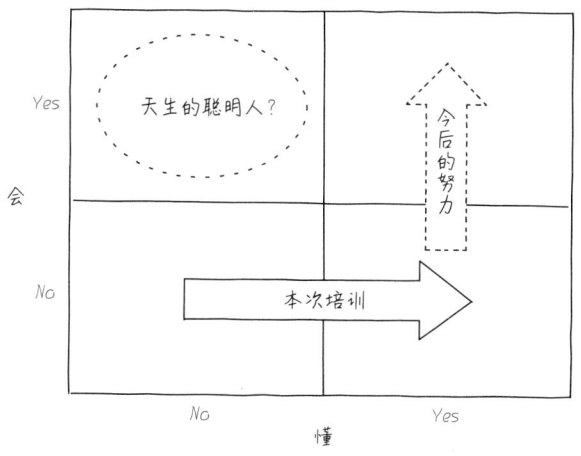

图 7-3 田字图

不过,这个田字图的左上角方格开始让人产生联想。有谁属于这个方格的范畴呢?头脑聪明的人?无意识地熟练运用逻辑思维的人?但是好像这样的人少之又少,于是接下来我开始注意到图 7-4 这样的面积图了。

最终,要想成为现实中"会"做的人,必须要经过左下→右下→右上,还要努力实现右下→右上的飞跃。所以还是希望大家养成用图形进行思考的习惯,即掌握图像思考术。

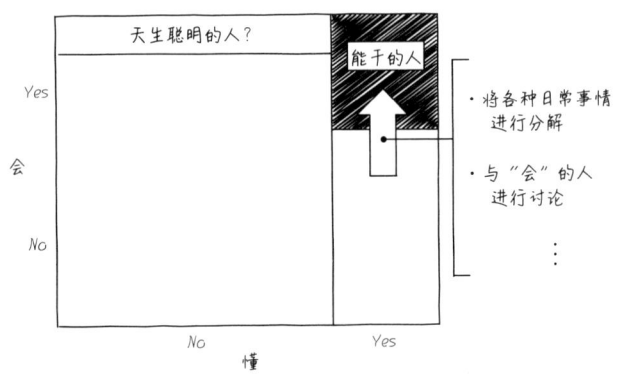

图 7-4　面积图

假如大家都能很好地运用逻辑思维,也就是说面积图右上角的方格(斜线部分)占了大半,会产生什么新问题呢?自己的价值会被稀释。所以我们必须得寻找一些突破。但跳不出这个田字图就无法突破,如此一来,我们就必须对"轴"重新进行定义。

假设"会"或"不会"是严密的二分法,那么机会可能就在于如何延伸"懂"这一横轴。如果"懂"和"不懂"是被动的想法,那么就有主动的机会。为何不试着"创造"机会呢,"创造"才能产生源源不断的想法。

最终,以箭形图为原型的图形变成了 2×3 矩阵图,如

图 7-5 所示。现在,我自己有意识地开始尝试一些挑战,比如创造新的框架,或创造与众不同的想法,等等。

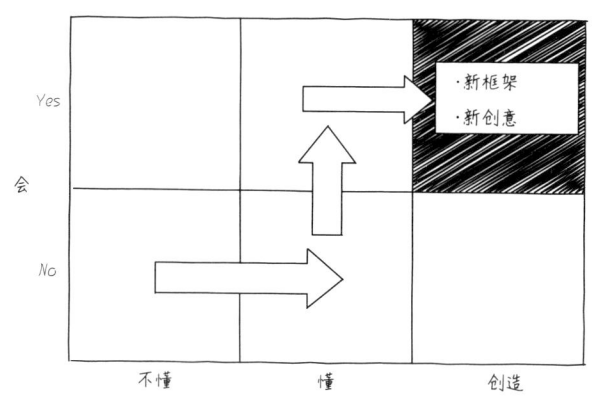

图 7-5　2×3 矩阵图

总之,对各种图进行交叉思考,能够强化思维能力。

三、以组合图形来扩充整体

田字图也好,箭形图也好,无论哪种类型都可以变成大图。确实,大图比较容易理解。然而,有时将多个图组合在一起,以多面、丰富的方式构成的大图也是很有用的。

例如,假设在考虑公司战略时,将重点放在三个点上,即公司、客户和竞争对手。每个对象要讨论的重点都不同。例如,"公司"是箭形图,"客户"是4P的金字塔图,"竞争"是表示自己公司和竞争对手位置关系的田字图。它们的组合构成了一个有效的大图(图7-6)。

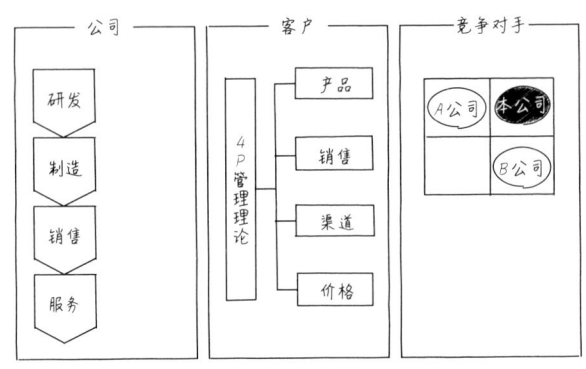

图7-6 大图

前面提到的丰田A3文化,也是一个很好的例子,把逻辑的流程和图形结合起来,整合成了一张大A3图。但这里有一个注意点,那就是避免"逻辑错综复杂",越简单越好。

以前我经常告诉下属,不要在同一张幻灯片中画满各种方向的箭头,那是"逻辑错综复杂"的表现,是理论在头脑中一片混乱的证明。

从根本上说,一张图的整体结构最好简洁一些,从左到右、从上到下,或者只由三段构成(图7-7)。

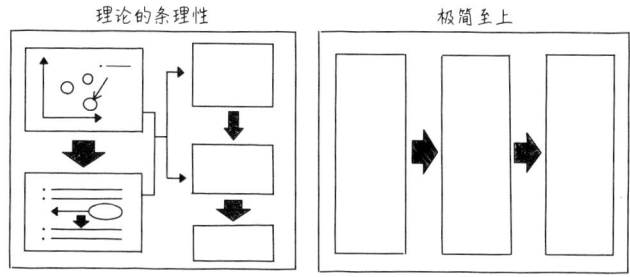

图 7-7　极简至上

第二节

增加头脑中的"抽屉"

一、注重模板积累

为了熟练使用各种图,最后一个需要牢记的要点是,尽量在脑海中增加"抽屉"。本书介绍的四种模板以及利用模板画出的各个图形都可以被理解成"抽屉"。

虽然很难用语言表达出来,但如果把自己思考和所见所闻的逻辑用"抽象化"后的图像储存在头脑中的话,日后一定会在其他方面发挥作用。

例如,在第四章介绍的咨询项目的"辅助线上的新想法"中,举了泡茶和做便当的例子进行了说明,但是仔细回顾的话,哪一个是鸡、哪一个是蛋还是不清楚。

以"一条线"为界,制作茶和便当,给人一种没有什么附加价值的外在印象,正因为如此,我发现了一个现象,即公司的非核心领域会外溢,用图形表示的话,请参照图7-8。

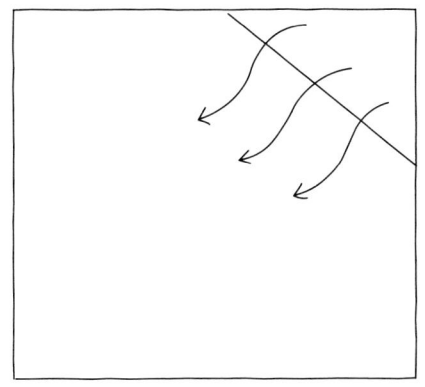

图 7-8　辅助线

还有,信息产业从"纵式"到"横式"的变化,这个想法可能也是因为了解"并发工程"的概念,即企业在开发新产品时,不是按照研究→开发→制造的顺序,而是同时进行研究、开发、制造的准备。两种方式在开始的时候都没问题,但像这样用抽象化的图就可以帮助我们解决不断出现的新问题。这就是大脑"抽屉"中积累的图像发挥的作用。

因此，记忆力好的人一般都比较聪明，因为他们擅长对各种问题进行灵活地处理。但是，记忆力好的人也不一定聪明，很可能是因为这些人积累的知识不是"图式的"，不便于灵活提取或使用。

把各种各样的经验以图像格式积攒在大脑的"抽屉"里，需要时快速将它们提取出来，这样的思维方式对普通人来说非常有效。

二、管理学是框架宝库

这本书介绍了一些管理框架，如 3C、5F 和 PPM，但是还有很多其他的框架，类似"模板"，或与"模板"不同，种类各异。

它们不仅可以应用于商业，也可以应用于个人生活。

例如，3C 中的"公司、竞争对手、客户"可以换成"自己、情敌、女朋友"，对管理框架的灵活运用有助于分析如何在日常生活中追到女生。此外，用于评价行业吸引力的 5F 也可以用于分析自己所处的情况，帮助自己找到突破现状的战略。此外还有 7S，可以用于理解组织特性。这些框架都可以应用于考虑个人职业的发展（图 7-9）。

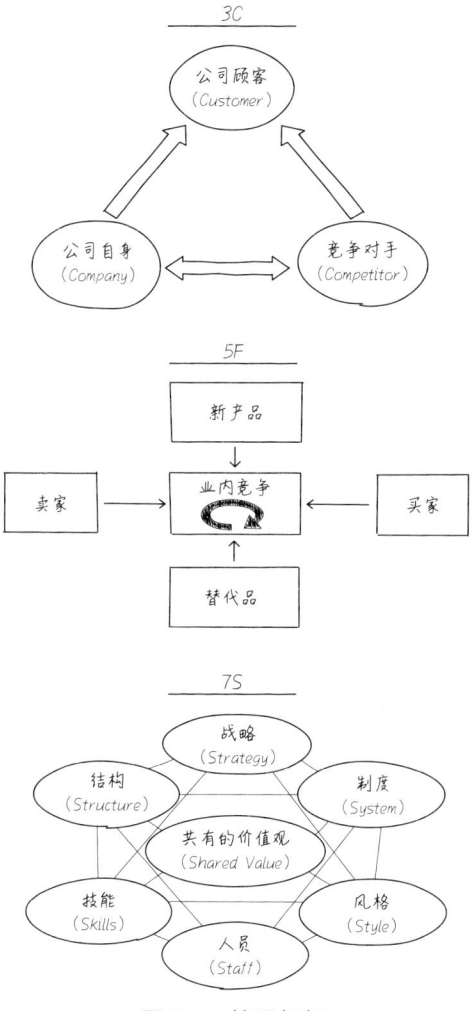

图 7-9 管理框架

综上所述，我们没理由拒绝这些免费又好用的管理框架。

但是，有一点要注意。框架是引发思考的工具，它无法像变魔术一样直接得到答案。框架是为我们所用的工具，但千万不要被框架束缚住。

三、自己创建框架

你可以自己创建一个框架，然后把它放进你大脑的"抽屉"里，自己思考的东西很难忘记，所以这种方法非常实用。

当我在一次讲座中谈到 5F 时，我与 MBA 的学生进行了如下的问答。

学生："在咨询中，您会直接使用 5F 这样的框架吗？"

我："比起直接使用，我倾向于把它当成思考的工具，我更喜欢自己创造一个独特的框架。"

我当场画了一张关于"新产品"和"替代品"的田字图，告诉他们 5F 的纵轴也可以作为业务评价的轴（图 7-10），这也是对 PPM 管理框架的实际应用。

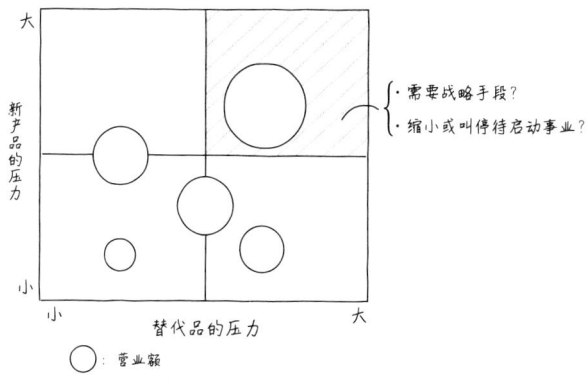

图 7-10 将 5F 灵活运用到 PPM 中

为了不被束缚在框架中,我们只要创造自己的框架就可以了。自己创造的独特框架比固定框架更能灵活地应用于现实问题,并方便保存在大脑的"抽屉"里。

四、保存自己的图形,收集别人的好图

正如本章所述,在大脑的"抽屉"里放入尽可能多的图形是非常有效的,只是全都记住有点难,所以我会把我的图画保存起来。

例如,我在麻省理工学院学习时,如果有空,我会在一张纸上画出我觉得有趣的和脑中灵光一闪的东西,至今已经

存了十几张纸，我也会经常拿出来看。

此外，在我做咨询的时候，我也会把参与项目中的关键幻灯片画下来，或者把其他顾问的好图记录下来。有时在书中看到的一些有趣的图，我也会通过抄写或复印的方式保存起来。

不管是自己画的图，还是别人的图，好的东西就要不断吸收，放进大脑的"抽屉"里。图像思考术的方法是"右脑式"方法，所以要通过不断积累图像来激活右脑。

专栏：图形催生科学的发现与创新

很多科学发现的背后都有图形思维的支撑（图7-11）。

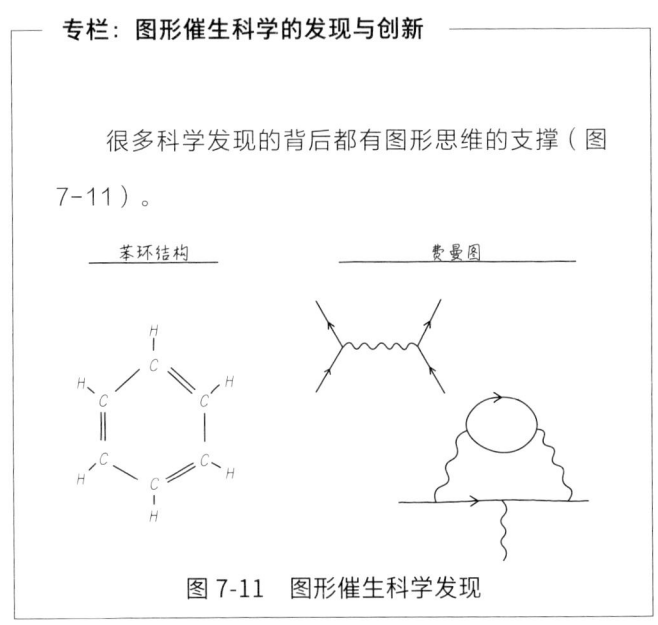

图 7-11　图形催生科学发现

其中最著名的是化学家奥古斯托·凯克雷发现苯环结构的故事。据说他是在梦中想到苯环结构的，在梦里，蛇咬着自己的尾巴绕来绕去（故事的真实性无法断定）。按照图像思考术来看，这是从"线"形到"环"形的思维转变。

量子力学是当今计算机和电视等所有电子产品结构的基础，图形在量子力学中也发挥了非常重要的作用。它源于诺贝尔物理学家费曼设计的费曼图，从"方程"到"图"进行了交互可视化。量子力学在这个费曼图的启示下，取得了很大发展。据说最近有人解开了百年无解的庞加莱对宇宙具有八种形态的预测，不知宇宙的八种形态是否能用图形来表示。

这些图，与其叫作"图"，不如叫作"形"，即形状。我觉得这个概念十分重要。因为深究起来，"图"的作用，根本上来说是"形"的作用。

从"形"中也会产生新的东西。"形"的类比会产生创新。除去细枝末节才是抽象化应有的力量。抽象化的力量，就是右脑的力量。

例如，新干线的形状也是通过类比构思产生的。新干线 700 系列的车头形状类似鸭嘴兽（图 7-12），这是为了抑制新干线进入隧道时的突然冲击而诞生的形式。这个形状使鸭嘴兽在跳入水中时不会产生巨大水花，因此给设计车头带来了重要启示。

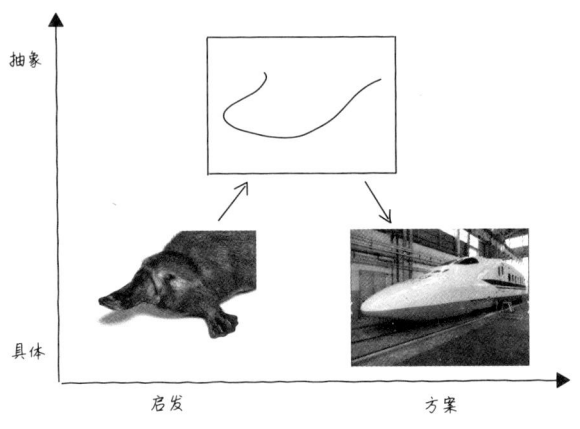

图 7-12　鸭嘴兽和 700 系新干线

图片提供：Shutterstock，右图摄影：桥村季真

你有过这样的经历吗？"要是以前用这种形式的图解决类似的问题就好了"，或"用这样的图说明的话，

对方就很容易理解了"。这种关于"形"的记忆储存在右脑中,能够帮助我们解决类似问题,大脑产生思考力的根本就在于此。

附 2 实践篇演习：

图像思考术下的"职业规划"后篇

一、灵活运用田字图反复实践

在"基础篇演习：图像思考术下的职业规划前篇"中，通过标注"结果"和"过程"这两个关键词，明确了"自己的职业"和"与家人的幸福"这两个对立轴，才看懂了应该考虑的问题的全貌（参见图附1-4）。如果可以，"自己的事业"和"与家人的幸福"两不误是最理想的状态。

在这里我们尝试着运用一下图形"模板"。首先使用田字图，对选项进行"可视化"定位。

画图时以纵轴为"结果"，以横轴为"过程"，会产生什么效果呢？

我们可以看到,尽管每个选择都能帮助他进入跨国公司的管理层,但过程满意度却有很大的不同(如图附2-1所示)。当然,这并不意味着就能顺其自然地选择出国留学这条路,因为每个选择都有不同的风险。

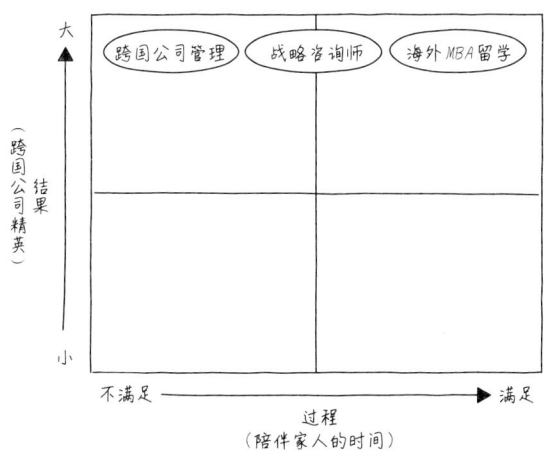

图附2-1　图像思考术下的职业规划⑤

自营公司的风险相当高,然而出国留学并没有太大的风险,因为出国留学,一般能够顺利毕业。现在让我们根据风险来做出选择。也就是说,将"结果"除以"风险"作为新的轴(图附2-2),可以看到出国留学是最好的选择。

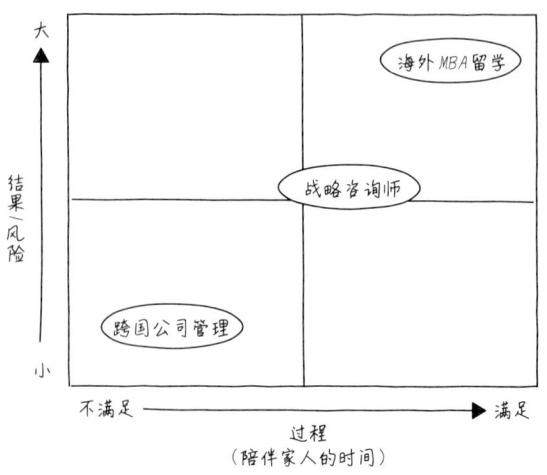

图附 2-2　图像思考术下的职业规划⑥

但即便如此,也并不意味着你能出国留学,因为还要考虑另一个要素——钱,这个要素无法用图形表示。

那么,我们使用多层田字图,把钱的要素也考虑进来。于是,权衡之后,把选择范围缩小到"战略咨询顾问"和"海外 MBA 留学"这两项(如图附 2-3 所示)。从事战略咨询顾问,虽然不用考虑钱的问题,但是有风险,很难抽出时间陪伴家人。海外 MBA 留学,风险小,可以和家人在一起,但花费高。

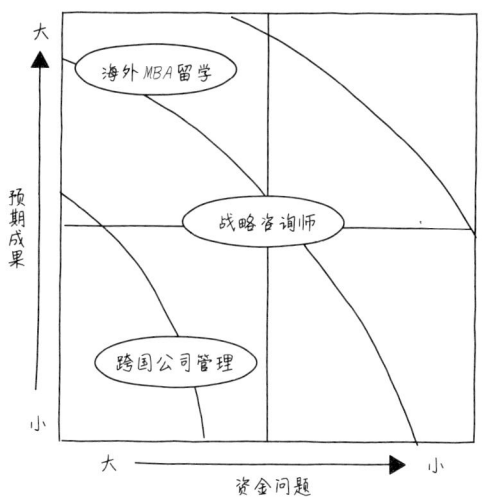

图附 2-3 图像思考术下的"职业规划"⑦

如果你能在图的右上角找到一个更新的选择,那它将是最好的选择。因此,我们一边观察图 3 中的"空白处",一边深入思考。不花钱、英语、MBA……这样想下去,是不是好像又有了新的选择呢?例如,在职读国内的英语授课 MBA,能力提高之后再换工作(如图附 2-4 所示)。

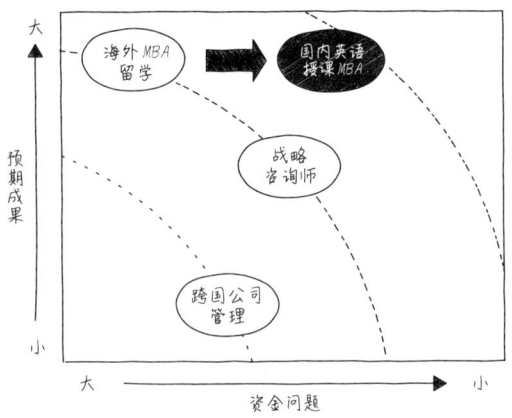

图附 2-4　图像思考术下的职业规划⑧

二、放入大图中思考

刚才讨论的是，如何边画图边思考"理想"与"现状"之间的"差距"问题。

这种差距是由各种要素产生的，如金钱、个人能力、风险与成功概率、同家人的关系，等等。为了同时克服这些相互矛盾的问题，其中一个选择是参加国内的英语授课MBA。这种方式能够让你暂时沉淀下来提高能力，然后再重新选择工作，实现职业跨越。

另外,提高能力之后再重新选择职业,成功概率也会提高。国内 MBA 毕业后,能力提高了,可以换更好的工作,工作压力也会减小。这样,与家人相处时间少的问题也迎刃而解了。

这次能够想出解决办法是利用时间差克服了投资和成果二者的矛盾,确保了个人家庭生活。如此一来既避免了金钱问题,又取得了巨大成果。我们可以把这个过程画成一张"自我强化型的链形图"(如图附 2-5)。

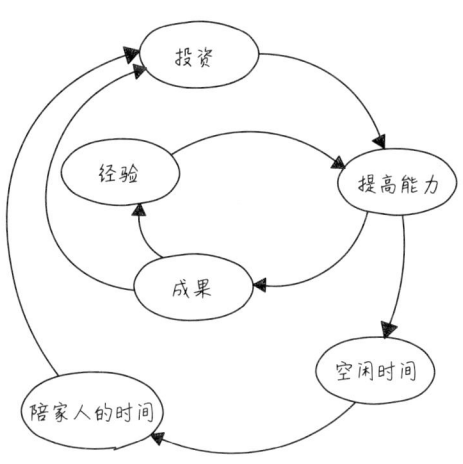

图附 2-5　图像思考术下的职业规划⑨

如果把这些想法简单地总结成一张"大图",就会得到图附 2-6。横轴是时间,纵轴是任务。任务是要制定一个"计划",如提交申请书、参加考试等。这样一来,只要雷厉风行地行动起来,将来一定能进入跨国公司的管理层。

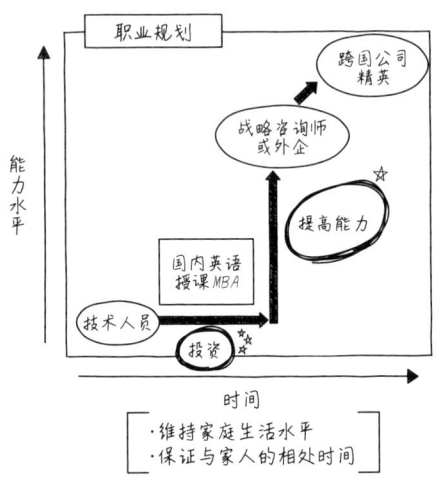

图附 2-6　图像思考术下的职业规划⑩

结语

一个想法改变人生

提升思考能力永远不会太晚。

从现在开始,脚踏实地去实践、去练习就能提高。图像思考术便是其中的一项重要工具。

在做咨询顾问的时候,我经常建议年轻顾问不要急于求成。因为我见过很多人太浮躁、太相信表面现象,最终能力下滑,陷入恶性循环,断送了大好前程。

人生似乎很短,但其实很长。踏踏实实积蓄力量,培养实力,最终把"时间 × 想做的事"的"面积"做大,尽人事、听天命。与其期望在偶然合适的工作中取得成绩、晋升,不如逼自己在辛苦的工作中培养实力,这样一生中能做的事情就会变多。

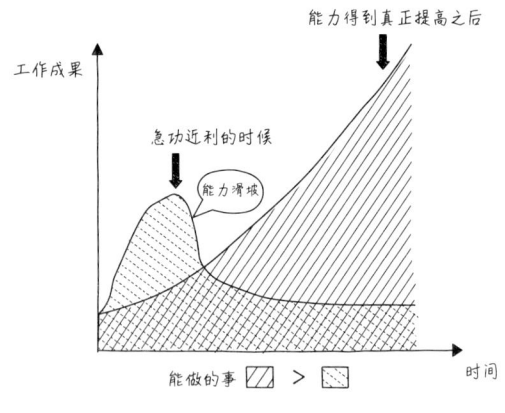

思维方式对人生的影响

当然,这里所说的"实力"多数指的是"思考能力",还包括"逻辑能力"与"批判性思维"。而图像思考术这种思考方式通过画图、用图形思考,对解决问题有巨大帮助。

年轻的时候开始培养思考能力,将来能从事的工作范围也会变大。相反,如果只把焦点放在短期的成果上,从长远来看可能难成大器。

因此,我建议肩负重任的年轻人要不骄不躁地成长,静待花开。当你的思考能力提升到一个较高的水平时,成功就离你不远了。

本书一直以图像思考术为主题进行讨论，也介绍了各种各样的模板和事例，相信对大家有一定的帮助。但是归根结底，关键在于大脑永不枯竭的创造力。

将脑海中的图像画在纸上并进行对话，用图形来把握各种东西的形态、自由奔放的想法、多方面的视角和视野，大图，批判性思维，揭示抽象化的本质，有形的力量，大脑中的图案和模板"抽屉"，类比的运用，异质化因素的组合，思考的形成，无意识的运用，用手思考的方法，保持好奇心与思考的习惯，我认为这些都能让我们更加接近事物本质。

任何时候开始做一件事都不晚，关键看你行动与否。如果本书能够帮助大家提高思考能力，我将不胜荣幸。